数据通信设备中心设计研究

（原著第二版）

Design Considerations for Datacom Equipment Centers
Second Edition

本书是与负责“重要设施、工艺房间与电子设备”的 ASHRAE TC9.9（技术委员会 9.9）合作完成的。

原版书的任何更新或勘误将在 ASHRAE 网站 www.ashrae.org 或其出版物修订信息上告示。

美国采暖制冷与空调工程师学会数据中心系列丛书

ASHRAE Datacom Series

数据通信设备中心设计研究

（原著第二版）

Design Considerations for Datacom Equipment Centers

Second Edition

【美】ASHRAE TC 9.9　主编

杨国荣　胡仰耆　沈添鸿　陈　亮　王振华　译

中国建筑工业出版社

著作权合同登记图字：01-2009-6035号

图书在版编目(CIP)数据

数据通信设备中心设计研究(原著第二版)/[美] ASHRAE TC 9.9主编；杨国荣等译. —北京：中国建筑工业出版社，2010
(美国采暖制冷与空调工程师学会数据中心系列丛书)
ISBN 978-7-112-11692-8

Ⅰ.数… Ⅱ.①A…②杨… Ⅲ.电子计算机-机房-空气调节设备-设计 Ⅳ.TP308 TU831.6

中国版本图书馆CIP数据核字(2009)第237646号

责任编辑：张文胜 姚荣华 / 责任设计：郑秋菊 / 责任校对：刘钰

美国采暖制冷与空调工程师学会数据中心系列丛书
ASHRAE Datacom Series
数据通信设备中心设计研究(原著第二版)
Design Considerations for Datacom Equipment Centers Second Edition
【美】ASHRAE TC 9.9 主编
杨国荣 胡仰耆 沈添鸿 陈 亮 王振华 译
*
中国建筑工业出版社出版、发行(北京西郊百万庄)
各地新华书店、建筑书店经销
北京天成排版公司制版
北京云浩印刷有限责任公司印刷
*
开本：787×960毫米 1/16 印张：12½ 字数：305千字
2010年2月第一版 2010年2月第一次印刷
定价：**32.00**元
ISBN 978-7-112-11692-8
(18945)

ASHRAE 数据中心系列丛书中文版 翻译小组成员名单

杨国荣　华东建筑设计研究院有限公司

胡仰耆　华东建筑设计研究院有限公司

沈添鸿　美国国际商业机器(IBM)全球(中国)有限公司

任　兵　华东建筑设计研究院有限公司

陈　亮　美国国际商业机器(IBM)全球(中国)有限公司

陈　巍　美国国际商业机器(IBM)全球(中国)有限公司

王振华　美国国际商业机器(IBM)全球(中国)有限公司

盛安凤　华东建筑设计研究院有限公司

曹雷鸣　上海市工业设备安装有限公司

目录

第2部分　其 他 考 虑

译者的话

经过30多年改革开放，我国的国民经济得到了快速发展，涌现出大批国际级骨干企业。随着数据处理业务需求的爆炸式增长和计算机、网络技术的飞跃进步，银行、保险、证券等金融行业、交通运输、医疗卫生等大型企业及政府机构相继建立起许多数据中心。在数据处理业务需求和IT技术的共同推动下，我国的数据中心建设现已进入了高速发展时期。数据中心的热密度每年呈上升趋势，且这种趋势还在继续。目前，数据中心内大量采用的新型机架式服务器和刀片式服务器的热密度已达20～30kW/机柜，常用的空调系统已难以满足这类高密度机房的冷却要求。进入21世纪后，我国政府提出了节能是国策的方针，并逐步加大节能减排的力度，这对耗能大户的数据中心的节能设计提出了挑战。建立一个新型数据中心的任务摆在数据通信设备制造商、数据中心设计者和运行管理者面前。新型数据中心应具有“高效、节能、可管理”的优势，在解决降低用户直接成本和管理问题的同时，有助于建设节约型社会。

美国采暖制冷与空调工程师学会(ASHRAE)在2001年成立了关于数据中心的技术小组，该小组早期名称为“TG9HDEC”。2003年后，该小组改名为技术委员会9.9(简称TC 9.9)。TC 9.9是一个由数据通信设备生产商、数据设备终端用户的业主与管理人员与政府机构、咨询机构、研究机构和测试实验室专家组成的专业研究团队。该团队对数据中心的重要设施、技术要求、电子设备及系统进行了细致地研究和总结，其研究成果编入了ASHRAE手册，并出版了ASHRAE TC 9.9数据中心系列丛书。2009年，ASHRAE对其中三本书进行了修订，出了第2版。本翻译组有幸通过“国际商业机器(IBM)全球(中国)有限公司”从美国ASHRAE购买了该系列丛书中文版的版权，将这套丛书翻译出版，以期对我国暖通设计人员和数据中心运行管理人员有所帮助。

《数据通信设备中心设计研究》(Design Considerations for Datacom Equipment Centers)是该系列丛书的第3册。本书共14章，分别从设计标准、空调负荷考虑、计算机房概论、空气分布、液体冷却、辅助房间、污染、噪声、结构与抗震、火灾探测与灭火、调试、可利用性与冗余、节能等方面对数据中心设施空调系统设计方法及运行管理要求进行了详细地叙述，内容全面且深入浅出，对从事数据通信中心设施空调设计及运行管理的人员具有较大的参考价值和指导作用。

译者对此系列丛书进行了精心的翻译，以期让该著作尽快与广大读者见面。本书的翻译得到了美国"国际商业机器(IBM)全球(中国)有限公司"的大力赞助，在此表示诚挚的感谢。此外，我们还应对本书的责任编辑张文胜先生和姚荣华主任所作出的辛勤劳动表示敬意和感谢。同时也感谢华东建筑设计研究院有限公司的同仁，是他们的关心和期望使本书的翻译工作得以顺利地完成。

本书的译、校者虽已尽力，但是由于全书是在工程设计的业余时间内完成的，也由于译者的学识水平和英语能力有限，译文中难免会出现错误和不确切的地方，或者不能准确表达原著的学术内涵之处，热忱地欢迎广大读者、专家、同仁批评指正。

杨国荣　胡仰耆　沈添鸿

2009年11月10日

原著第二版前言

自从“数据通信设备中心设计研究”(Design Consideration for Datacom Equipment Centers)第一版出版以后，为了必要的更新，我们对此书又作了仔细的审视。正如 Standard 90.1 始终在维护一样，TC 9.9 的出版物也一直在进行修改，它包括最新的行业见解和意见。

本书第二版的更改内容主要有：更新环境参数的包络区；数据通信设施中运行设备入口处的推荐温度。这些更改在盐湖城 2008 年 ASHRAE 年会期间得到了 TC 9.9 的批准，是“数据处理环境热指南”(Thermal Guidelines for Data Processing Environment)一书第二版的基础。此外，委员会中的 17 个原设备制造商同意修改温度、改变速率的规定，这些更改也反映在此版中。

在“数据通信设备中心设计研究”(Design Consideration for Datacom Equipment Centers)中，增加了反映“热指南”更改的附录 A；表 2.1、图 2.1(*a*)、第 2.3 节和第 14 章的部分内容已经更新；参考信息中的有些排印错误与其他差错也已得到纠正。

致谢

本指南中信息的获取得到了以下公司的帮助与支持：

A. G. . Edwards
ANCIS
American Power Conversion
Bell South
Citigroup
Data Aire，Inc.
Dell Computers
Department of Defence NSA
DLB Associates Consulting Engineers
EDS
EYP Mission Critical Facilities
Fannie Mae
Fluent，Inc.
Fujitsu Engineering
Heapy Eneering
Hewlett Packrd
IBM
Intel Corperation
Lawrence Berkeley National Laboratories
Liebert Corperation
Mallory&Evans，Inc.
Nelson Acoustical
Nortel
Northwest Airline
Rice University
Stulz-ATS
Sun Microsystems
Syska&Hennessy Group，Inc.
Tier 4 Consulting
Wright Line，LLC

ASHRAE TC 9.9 尤其要感谢以下人员：

- **David Copeland，Tom Davidson，Dennis Hellmer，Christopher Kurkjian，Budy Notohardjono，Dick Pressley，Joe Prisco，Terry Rodgers，Roger Schmidt，Vali Sorell，Fred Stack，BenJamin Steinberg，Jeff Trower**

感谢他们作为每章的领导所参与工作，包括召集许多会议、文章编写与审查等。

- **Dr. Roger Schmidt**—IBM 公司，感谢他非常热情地参与了本书的编写和最终编辑。

• **Mr. Tom Davidson**—DLB Associates Consulting Engineers，感谢他编辑了本书的许多草稿。

• **Mr. Don Beaty**—DLB Associates Consulting Engineers，TC 9.9 的主席，感谢他对本书的眼光，并将眼光变为现实的推动与领导。

此外，ASHRAE TC 9.9 要感谢以下人员为本书的创作做出了巨大贡献：John Adelsberger，Paul Benanti，Mark Germagian，Jack Glass，Andrew Higgins，Magnus Herrlin，Matthew Nobile，Ron Shapiro Bella Treyger，Willian Tschudi，Jim VanGilder.

第二版

ASHRAE TC 9.9 衷心感谢以下人员为重要而新的环境要求包络区（见附录）以改善数据中心节能所做的工作。他们是：David Moss，Dell；David Copland，Sun Microsystems；Tim McCann，SGI；Bill Frence，EMC；Hermann Chu，Cisco Systems；Mike Bishop，Notel；Chris Malone，Glenn Simon，Hewlett-Packard；Jim Nicholson，AMD；Greg Pautsch，Cray；Willian Ling，Unisys；Roger Schmidt，IBM；Leo Volpe，itachi Global Storige Technologies；Jonathan Kellen，Seagate Technology. 感谢他们积极地参与本版的工作，包括召集许多会议、撰写或编辑以及审查。

此外，ASHRAE TC 9.9 还要感谢以下人员：Vali Sorell，Syska Hennessy Group；Bob Blough，Emerson Network Power；Nick Gangemi，Data Aire；Rhonda Johson，Panduit；Alan Claassen，Hussain Shaukatullah，IBM Cop.

第 1 章

概述

伴随着计算机、网络设备、电子设备与外围设备的普及，数据通信(数据处理与电信)设施也正在突出地显现其普及化。数据通信设备中心内暖通空调最明显的特点是具有异常大的热负荷的潜在性——热负荷的量级大于典型的办公楼。此外，安装在这些设施内的设备一般是：

• 被赋予重要的任务(即 7 天×24h 连续运行)。在工程设计的早期阶段，各利益方必须全面审视停机对企业带来的潜在后果。从设计的观点看，必须处理好单点故障，这样它们才能被识别与消除。

• 有特殊的环境要求(空气温度、湿度与洁净度)。需提供高可靠性意味着必须注意维护适当的温度、湿度与洁净度标准。此标准将在整本书中进行详细讨论，但在第 2 章“设计标准”中将特别而具体地涉及它，而且还定义和讨论了 1 级～4 级和 NEBS 标准工况的分类。

• 若突然失去冷却，会潜在地产生过热和导致设备故障。计算设备与硬件热故障唯一表明的是与高温与环境控制缺失有关。电子设备寿命缩短和数据通信设备间歇故障对企业的损害、不能维护好服务级合同(service level agreements-SLA)及后续费用问题将另作研究。

任何数据通信设施的设计，还需处理好大多数数据通信设备在设施寿命期为具有时行的技术而进行一次或多次更换的问题。正如 ASHRAE 在“Datacom Equipment Power Trends and Applications(数据通信设备电力趋势与应用)(ASHRAE 2005i)”一书中所述，典型数据通信设备的产品周期为 1～5 年，而在任何地方，容纳这类设备、暖通空调设备与基础构架的数据通信设施的寿命周期可达 10～25 年。历史表明，更换设备需要更大的电力，更大的供冷需求。

除了数据通信设备在设施的寿命期内更换外，个别计算机装置还有不断升级的需求，这将导致热负荷的变化和空气分布需求的变化。对于这种变化，在一定程度上可以进行规划，或在电子设备房间的寿命期内接纳这种变化。因此，所有潜在受影响的利益相关者必须仔细考虑设备的增加和更改将会怎样发生。

对于电功率密度在未来有局部与整体性的具体扩展与增加，或许也有必要进行规划，它可能包括集管、电缆管和其他基本架构，以便在设施的可用期内能适应设备插入和更新。

理解上述重要特征对设施的环境设计非常重要。本书的读者是：

- 数据通信设施的规划者与管理者。
- 规划与设计数据通信设施的设计团队。
- 需了解数据通信设备能量密度与安装规划趋势的数据通信设施建筑师和工程师。

各章内容概要

第1章　概述　介绍本书的目的与任务，并概述后续各章的内容。

第1部分　数据通信设施基础

本书第1部分的内容提供了数据通信设施设计所需的基本信息要素，涵盖的专题有设计标准、HVAC负荷、冷却系统概述、空气分布与液体冷却。

第2章　设计标准　本章介绍制造商对数据通信设备分类的标准，然后依据这些分类标准提供了设备的环境设计标准；广义地介绍了温度、温度变化率、湿度、空气过滤/污染、通风、围护结构考虑、人员舒适性与灵活性，其中许多专题将在本书的其他章节中予以更详细的扩展。

第3章　暖通空调负荷考虑　电子设备房间的热负荷计算方法有很多，与需要供冷的其他区域相似，但在融合了房间中典型的高发热量设备后，房间的重要特性使负荷考虑更加困难。像电力调节和电力输配装置这样的基础设备，具有高密度负荷的潜在性以及需要良好的空气分布，这些都成为难以对付而又十分重要的设计挑战。

第4章　计算机房冷却概论　在本章的第一部分，介绍了计算机房空调(CRAC)机组的供冷方法与供冷位置。作为另一种供冷方案，也介绍了集中式空调器与冷水输配。该章还介绍了直接膨胀排热与冷水系统排热的各种排热方法之间的关系；制冷循环、冷凝器、冷水机组、水泵、管路与加湿器等的性能特点与它们之间的关系；最后介绍控制参数与监视方法。

第5章　空气分布　本章定义了设备中空气流动协议的标准化和热通道、冷通道配置。对冷风从地板下或头部以上送入房间方式的优、缺点及其应用也作了介绍和讨论。此外，还有回风有效管理方面的内容。

第6章　液体冷却　在定义了风冷与液冷后，对液冷作了介绍。本章中专门涉及的液体有水、非导电液体与制冷剂。在讨论了冷水系统后，有一节讨论了可靠性。

第2部分　其他考虑

本书第2部分是为数据中心基本设计提供辅助资料，这对在此领域内已有设计与/或运行经验的人员也许价值更大。它包括的内容有：辅助房间、污染、声学、结构与抗震设计、灭火、调试、可利用性与冗余度以及节能。

第7章　辅助房间　支持性、基础性与辅助性设备可置于数据通信设备房间之内或之外。有些情况下，这些设备自身会有热负荷，与数据通信设备相比，它们也许有也许无环境要求。电池间、引擎发电机房与存储设施都有自己的要求，而且在所有房间中，其性质或许是重要的。

第8章　污染　本章介绍了几种污染类别、污染的原因、影响、测定与防止。污染的类别有固体、液体和气体。对由灭火设备、空调设备、打印机、地板块、吊平顶块和电子设备硬件自身带来的污染物都进行了介绍与讨论。此外，还介绍了挥发性有机物(VOCs)、锌须、锡须与铁须的潜在由来和导致的危害性。读者在本章中还可找到过滤器与散热装置堵塞、发弧光、帽盖爆裂和连接器故障的参考资料。本章最后还有参考了ASHRAE、OSHA、military、Belcore/Telcordia、NIOSH和其他标准、测定方法与准则所得的一些表格。

第9章　噪声散发　风量增加、数据通信房间内实有人员增加与工作所形成的综合趋势使该区域的噪声级受到关注。本章详细介绍了ASHRAE的参考资料、噪声源、噪声传播途径与噪声接收者、噪声对人的影响以及声功率、声压等内容。本章也深入讨论了管理机构的作用和过大噪声所引起的潜在问题。

第10章　结构与抗震　在结构与地震考虑方面，本章讨论了地板结构、重量分布、隔振与地板荷载等，还提供了地板荷载计算公式和图解示例。也介绍了检修用地板块的考虑，集中在自位轮上的重荷载影响，并提供了在地震区需考虑的参考内容。

第11章　火灾探测与灭火　本章讨论了电子设备房间内防烟、防火的方法，也讨论了排烟系统、防烟阀、烟感器以及与规范有关的预防性设计和反应性设计，与运行有关的细节，此外也介绍了湿式、干式灭火剂及其应用与设计考虑。

第12章　调试　作为业主验收过程中的一部分，大多数设施应进行一定程度的调试。本章详细讨论了正式调试活动的五个步骤，即它起始于设施意图和性能要求(由项目小组确定)，然后是业主的计划文件，设计文件基础，以及项目调试计划。这些活动包括：工厂验收试验、现场部件验收、系统施工验收、现场验收测试和系统集成测试。此外，还讨论了楼宇自动化系统的作用以及各种调试级别的调试费用。

第 13 章　可利用性与冗余性　在一个全年不间断运行的设施中，可利用性与冗余性应深加考虑。本章讨论了可利用性的各个方面，如五个“9”的概念、故障预测、平均无故障时间与平均维修时间。对于冗余性的概念，介绍、定义和讨论了“$N+1$”，“$N+2$”和“$2N$”，还介绍了用计算机流体动力学确定各种情况下的气流分布、分散性、人为误差，以及增加可利用性与冗余性方法的一些实例。

第 14 章　节能　本章中有关节能的讨论总体上有四个方面：环境标准、生产、输配与“其他措施”。具体内容有：冷水站房、计算机房空调机组、风机、水泵、变频装置、湿度控制、空气与水侧经济器、部分负荷运行、室内气流分布和数据通信设备节能。

本书最后还有参考资料与术语。

第 1 部分

数据通信设施基础

第 2 章

设计标准

为保持适当的环境条件，含有以下数据通信设备的数据通信设施需要空调：

- 高性能计算机；
- 存储服务器；
- 计算服务器；
- 网络设备；
- 个人计算机；
- 安装在机架与机柜内的其他设备。

人员也会占用数据通信设施，但他们的占用一般是暂时的，环境条件通常受设备需要来支配。然而，对于较小的数据通信设施，人员也许会影响通风的风量和质量。

2.1 概述

数据通信设备的环境要求是不同的，它取决于设备形式与/或生产商的要求。然而，在制造商之间有 4 个标准化工况（1～4 级）联合协议。这些工况列于 ASHRAE 出版的"Thermal Guidelines for Data Processing Environments"（数据处理环境热指南）（ASHRAE 2009）一书中。数据通信环境通常采用的另一种分类是"Network Equipment-Building System（NEBS）class（网络设备楼宇系统类——NEBS 标准）"，各级别的定义如下：

- **1 级**　这类数据通信设施被赋予重要任务，一般有严格控制的环境参数（空气露点、温度与相对湿度）。因此，环境典型设计的产品类型有：企业服务器与存储产品。
- **2 级**　这类数据通信房间（或办公室，或实验环境）的环境参数（空气露点、温度与相对湿度）有些一般控制。因此，环境典型设计的产品类型有：小型服务器、存储产品、个人计算机和工作站。
- **3 级**　这类办公室、家庭或可移动环境的环境参数（仅温度）稍有控制。因此，环境典型设计的产品类型有：个人计算机、工作站、便携式电脑和打印机。

• **4 级** 一般要求有像销售点或不重要的工业或工厂那样的环境，能防风雨，冬季时能足够供热，有通风。因此，环境典型设计的产品类型有：销售点销售的设备、粗糙的控制器、或计算机与个人数字式辅助器。

• **NEBS 标准** 根据 Telcordia GR-63-CORE(2002 年 4 月 2 日公布)和 GR-3028-CORE(2001 年 12 月 1 日公布)的要求，数据通信集中机房的环境参数(空气露点、温度与相对湿度)有一定的控制要求。因此，环境典型设计的产品类型有：开关、输配设备、路由器。

• 由于 3 级与 4 级环境主要不是为数据通信设备设计的，所以本章不进行深入介绍。如需更多资料，应参考 ASHRAE “Thermal Guidelines (ASHRAE 2009)” 这本书。

2.2 环境要求

表 2.1 列出了 1 级、2 级与 NEBS 标准对环境要求的推荐值和允许值，确定该要求的来源见表注。图 2.1(*a*)为 1 级、2 级与 NEBS 标准中所推荐的温度与湿度工况在焓湿图上的表示。图 2.1(*b*)为同一级中所允许的温度与湿度工况在焓湿图上的表示。应该注意，其中还规定了露点温度与相对湿度。

1 级、2 级、NEBS 级设计工况 **表 2.1**

工况	1 级/2 级		NEBS 级	
	允许值范围	推荐值范围	允许值范围	推荐值范围
温度控制范围	59～90℉①,⑥(1 级) 50～95℉①,⑥(2 级)	64.4～80.6℉①	41～104℉③,⑥	65～80℉④
温度变化最大速率	每小时 9℉/36℉①,⑦		每分钟 2.9℉④	
湿度控制范围	20%～80% 最高露点温度 63℉①(1 级) 最高露点温度 70℉①(2 级)	露点温度 41.9℉～60%RH 与露点温度 59℉①	5%～85%最高露点温度 82 ℉③	最高 55%⑤
过滤质量	65%，最小 30%② (MERV11，最小 MERV8)②			

注：① 这些工况是 ASHRAE 出版的“Thermal Guidelines for Data Processing Environments (ASHRAE 2009)”一书中推荐的进风口工况。国际单位当量值见该书。

② 百分比值是根据“ASHRAE Standard 52.1(ASHRAE 1992)比色法的测试值。MERV 值根据 ASHRAE Standard 52.2 (ASHRAE 1999)中的方法测得。过滤标准中按 ASHRAE 52.1 的 MERV 值与按 ASHRAE 52.2 的 MERV 值之间的对应关系，见本书中的表 8.4。

③ Telcordia 2002 GR-63-CORE。

④ Telcordia 2001 GR-3028-CORE。

⑤ 这是数据通信实践中的可接受值。数据通信机房一般不加湿，但为了减少静电释放引起的事故，通常的做法是人员接地。

⑥ 随高度引起的温度降低值见图 2.2。

⑦ 采用磁带驱动的数据中心的温度变化最大速率为 9℉/h；采用磁盘驱动的数据中心的温度变化最大速率为 36℉/h。

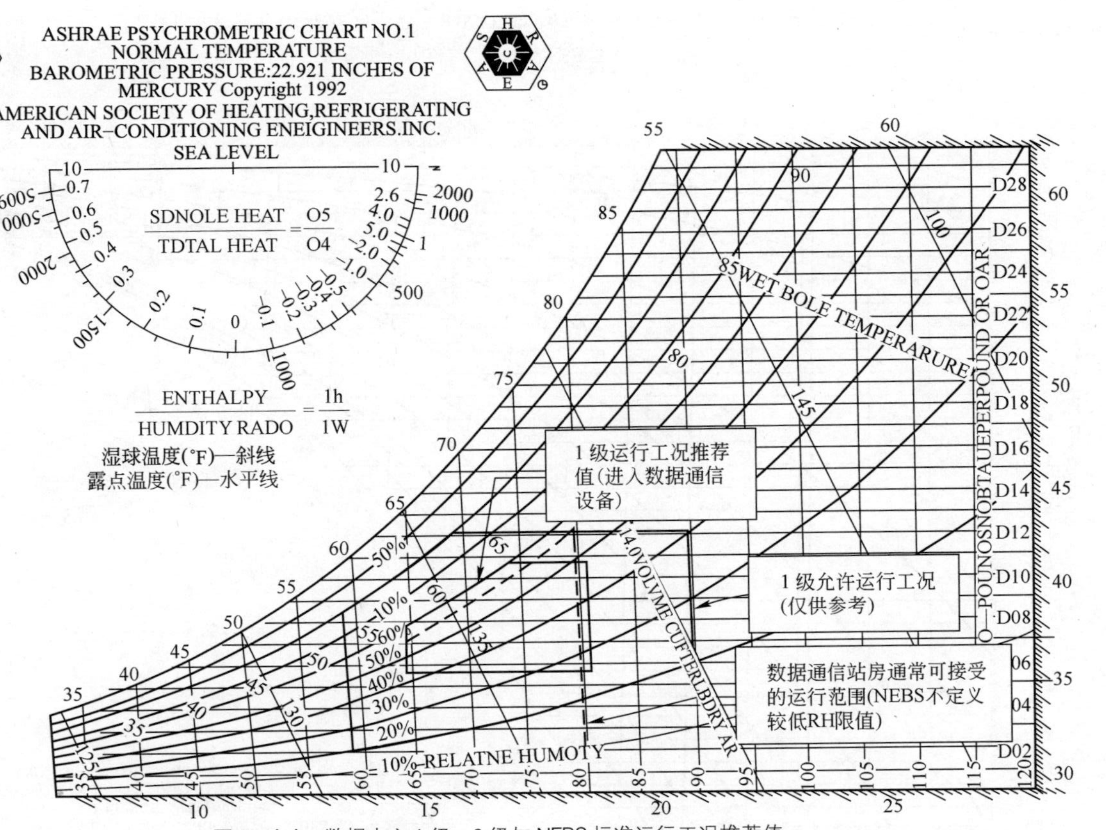

图 2.1(*a*)　数据中心 1 级、2 级与 NEBS 标准运行工况推荐值

注：国际单位制的对应图，可参见 ASHRAE 的 “Thermal Guidelines，第 2 版(ASHRAE 2009)。

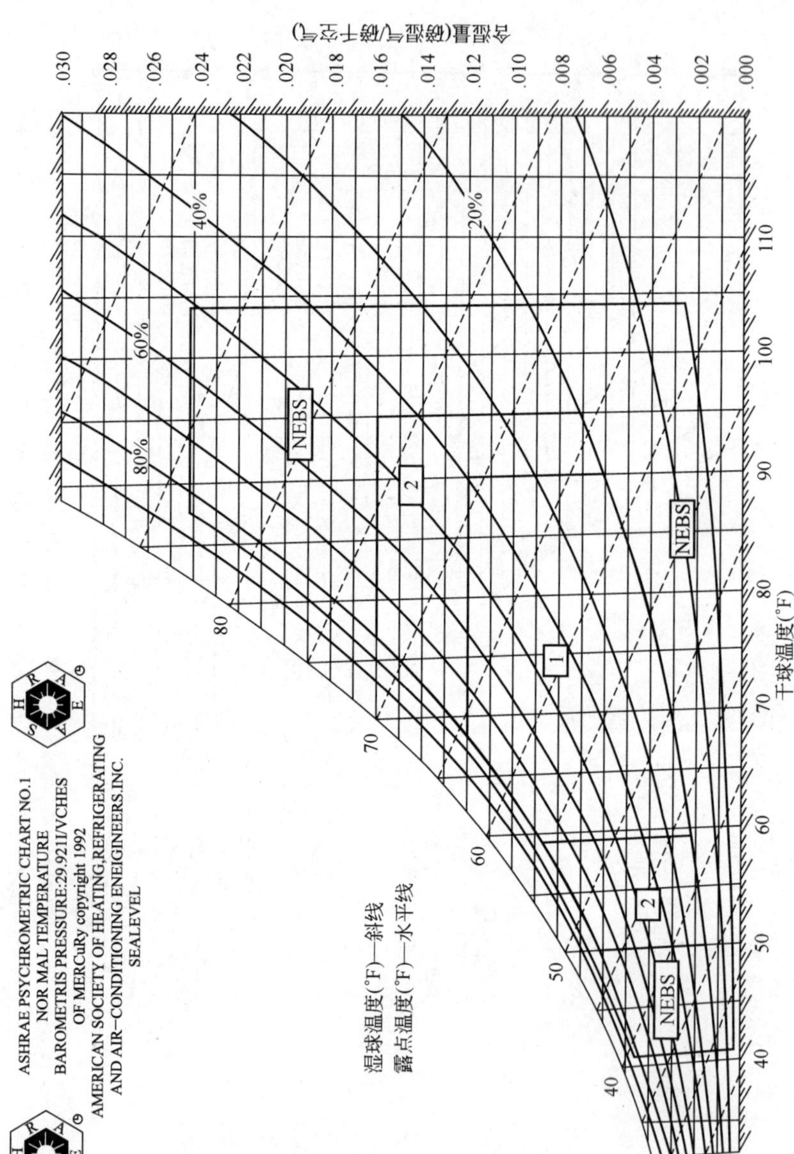

图 2.1(*b*) 数据中心 1 级、2 级与 NEBS 标准运行工况允许值

注：国际单位制的对应图，可参见 ASHRAE 的“Thermal Guidelines(ASHRAE 2009)”

另一个参数——空气密度，会影响要求充分冷却的数据通信设备的能力。ASHRAE 在“Thermal Guidelines for Data Processing Environments (ASHRAE 2009)”一书中建议：数据中心用的产品应设计成能在海拔高度达 10000ft (3050m)处运行，但应认识到：在较高的高度处，空气的密度较小，质量流量和对流换热量也随之减小。在考虑到此影响后，“热指南”给出了在海拔高度 2950ft (900m)以上，每上升 550ft 温度最大允许降低 1℉ (即 1℃/300m)的图示。图 2.2 表示了“热指南”中对 1 级、2 级与 NEBS 标准所推荐的温度降低值。

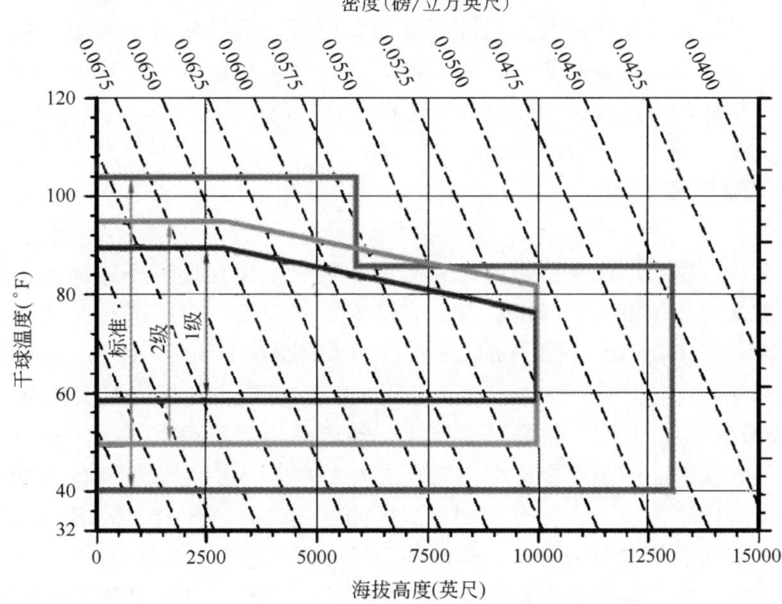

图 2.2　1 级、2 级与 NEBS 标准允许温度范围与海拔高度关系

所谓的环境工况是指在数据通信设备进风口处的测量值，而不是房间平均温度值或回风工况值。

2.3　温度

暴露在高温或高热梯度中，特别是重复暴露于高热梯度中的设备会产生热故障。对于设备制造商规定的数据通信设备进风工况，应始终进行核查。推荐的典型温度范围是 64.4～80.6℉(18～27℃)。对于电信集中机房与 NEBS(网络设备楼宇系统)，温度范围较宽一些(见表 2.1)。在 GR-3028-

CORE 中推荐的温度范围是 65～80℉(18～27℃)，是经济分析的结果(Herrlin 1996)，它包括：

- 伴随有 HVAC 系统运行的能耗费用。
- 电池更换费用。
- 数据通信设备维修费用。
- 清洁费用。

在允许值范围内一般应认为是允许短时间运行。与推荐值范围相比，如果设备较长时间运行在允许范围内，则它的寿命就较短。短时偏移在允许值范围内或稍高出允许值范围可能会引起磁盘故障、数据中断，或 CPU 闭锁。反之，若长期运行在允许范围的高位值，将导致设备寿命缩短。所以，应始终参照设备制造商的有关推荐与允许运行值范围的规定。设施的设计师与运行人员应尽力使设备运行在推荐的范围内。

2.4 温度变化率

有些数据通信设备制造商已经制定了环境变化允许速率的标准，以避免对数据与通信设备的冲击。对所有已安装的设备，应用这些标准进行审核。在 ASHRAE 的"Thermal Guidelines for Data Processing Environments (ASHRAE 2009)"一书中，对于 1 级、2 级标准，推荐的温度变化率是 9℉/h(5℃/h)。湿度变化率对磁带和存储产品通常是很重要的。采用磁带驱动的数据中心的温度变化率一般要求为 9℉/h；采用磁盘驱动的数据中心的温度变化率要求为 36℉/h；相对湿度的变化率＜5%(ASHRAE 2009)。

在数据通信集中机房内，按 GR-3028-CORE 中的 NEBS 标准，对新设备测试的温度变化率要求是 54℉/h(30℃/h)。然而，在空调设备发生故障后，温度变化率会很容易地大大高于此值。因此，在 GR-3028-CORE 的 NEBS 标准中，设备测试推荐的另一种标准为：15min 内，温度变化率为 2.9℉/min(1.6℃/min)。对于制造商的要求，应予以审视和实现，以确保系统在正常运行、启动和停运期间能很好地体现它的功能。

为了对重要供冷系统因事故中断而主要负荷在继续产生使房间温度立即升高的情况作出反应，必须将处置措施置于应有的位置。这些措施还应到位，能使升高的房间温度迅速回到正常值，避免设备因热冲击造成损坏。

数据通信设备不使用时对环境工况要求的范围允许稍宽松些(见"Thermal Guidelines for Data Processing Environments (ASHRAE 2009)"一书中"表 2.1")，但不管是为了使房间温度保持在运行要求的范围内，还是为了减少对设备的热冲击，也许还需要运行供冷系统。

2.5 湿度

对于数据通信设备，相对湿度很高会引起各种问题。这类问题有：导电阳极化故障(CAF)、吸湿性尘埃故障(HDF)、磁带介质故障、过度磨损与腐蚀等。在极端情况下，直接被冷设备的冷表面会产生凝露。相对湿度过低可能会导致静电释放(ESD)，损坏设备或不利于设备运行。磁带产品与介质暴露在相对湿度很低的环境下也会有很多故障。

2.6 空气过滤与污染

表 2.1 列出了数据中心内推荐的与最低允许的循环空气过滤指南。尘埃对数据通信设备的运行有不利影响，所以，高质量的过滤和良好的过滤器维护是很重要的。腐蚀性气体可以很快地损坏印刷电路板中的金属薄膜导电体，腐蚀可以在端接点处造成很大的电阻。此外，尘埃和其他污染物集聚在需要排热的表面，即热汇翅片上，会减弱排热装置正常工作的能力。

室外空气在被引入数据与通信设备机房之前，应进行除尘、除盐分和除腐蚀性气体的处理与预调节。有一项研究表明，即使室外空气过滤器的效率为 85%(MERV 13)(Herrlin 1997)，高压房间的含尘量会比低压房间大。这也许指出：室外空气需要有预过滤器或高效终过滤器，或房间需要保持较低的压力，以减少通过室外空气过滤器造成的房间污染。环境空气的含尘量对选择过滤器效率是有影响的。房间压力低的潜在问题是：在室外风速高时，会发生空气渗透；房间湿度会受到不利影响。

某些有重要使命的设施，可能要以洁净室标准进行设计，以减少颗粒带来的污染。这类区域的主要标准是“International Organization for Standardization (ISO)14644-1 (ISO 1999b)”。可能的设计级别有：“ISO Class 7”和“ISO Class 8”。有关过滤器的检视与更换，总是要遵循预防性维护与标准的操作程序。

2.7 通风

室外空气引入数据中心房间是因为以下四个原因中的一种：保持室内空气品质要求；房间加压，使污染物渗出；利用补风来清烟气；当室外空气能实现“免费冷却”时，可以节能。

室内空气品质的要求在 ASHRAE Standard 62.1-2004(ASHARE 2004j)中有详细说明。虽然它并不包括数据中心环境中空气品质的所有要求(更详细的内容见第 8 章)，但它可确保建筑物内所有人员都能得到足量和足够好的空气。

数据中心加压是为了避免室外空气渗入，排出像尘埃那种不希望有的污染物，本书中的第 8 章详细地介绍了有关污染的内容。加压计算可按照 2005 ASHRAE Handbook-Fundamentals，Chapter 27，“Ventilation and Infiltration”(ASHRAE 2005e)中的方法进行。

当设有清烟系统时，用室外空气补风也是需要的，本书中的第 11 章专门介绍这方面的内容。

最后，当室外空气条件许可时，可另加更多的室外空气来提供“免费”冷却。它可以减少空调系统的运行费用。本书中的第 14 章较详细地讨论了节能和“免费”冷却。

不管引入室外空气的理由如何，它总是会影响数据通信环境中的温度与湿度，所以在引入前应进行适当处理。湿度控制和加湿的内容见第 2.5、3.4.7、4.1.3、4.2.2、4.10 与 14.6 节。

2.8 围护结构考虑

在设计数据通信设施的围护结构时，应考虑几个参量。这些参量包括：加压、隔离、隔汽、密封和冷凝。

- 加压——为了防止通过建筑物的围护结构渗入室外空气与污染物，数据通信设施一般是正压的。数据通信设备机房中直接通向室外的门一般推荐设气闸。应避免用室外空气过度加压，因为它使摆动门使用困难，增加了风机能耗和盘管负荷，浪费了能量。利用压差控制器进行控制的室外空气变速系统能提升室内压力，减少空气渗入，这也许是一个很好的控制策略。
- 房间隔离——为了安全和环境控制，数据通信设备中心常需要与其他房间隔离。
- 隔汽——不同于其他不加湿房间，为了保持数据通信设施内有合适的相对湿度，应在其整个围护结构内设置隔汽层。此隔汽层在数据通信设备房与周围区域之间存在预计的最大水汽压差期间，应能足以阻隔水汽迁移。

• 密封——电缆与管道进口，应采用防火、隔汽材料堵塞和密封；门樘应接合严密。

• 外窗玻璃上结露——天气较冷的地区外墙上的窗玻璃应为双层或三层，门应密封，以防结露和空气渗入。许多数据通信设施在加湿区域设计或改造成无窗的，以免产生结露问题。

2.9　人员舒适

人员的舒适性在 Thermal Guidelines for Data Processing Environments (ASHRAE 2009)中未加特别论述，这是因为这类设施中的人员一般很少，且短时逗留。虽然集中通信机房内有为设备工作的常设人员，但人员的舒适性并不是主要目标。若在热通道与冷通道的配置中遵循所推荐的 1 级工况标准(见表 2.1)，则会导致人员在冷通道中感到冷，在热通道中感到暖，甚至感到热。工作在这类房间内的人员应考虑到存在的温度梯度，因此需考虑着装。如果热通道非常热，则应配备移动式区位供冷。美国职业安全与卫生学会(NIOSH)为很热环境中的职业暴露人员提供了详细的指南(NIOSH 1986)。如果设备温度过高，则另一项应受到关注的是灼伤。人肌肤的痛阈温度为 111℉(44℃)，不同程度的温度伤害常发生在温度高于 111℉(44℃)(ASTM 2003)时，所以应注意设备的表面温度不应有伤害性。有关引起灼伤的设备表面温度的更多指南可见 ASTM(2003)。

2.10　灵活性

正如本书始页中所述，技术在不断进步，在数据通信设施的寿命期，给定房间内的数据通信设备是经常在变化与/或重新布置的。因此，服务于设施的 HVAC 系统必须有足够的灵活性，使部件能“即插即用”，重新布置，能得到扩展，而不过度损害生产环境。在重要的应用中，也应能调整系统，不使系统中断。如有可能，供冷系统应是模块式设计，能有效地处理范围很大的热负荷。

2.11　其他考虑

在设计或选择数据通信中心用的空调设备时，应考虑以下问题：

• 系统形式：

风冷型；
乙二醇冷却型；
水冷型；
制冷剂冷却型；
冷水型；
双冷源型。

- 冷却负荷，包括将负荷分成显热负荷与潜热负荷。
- 进风与出风干球/湿球温度，相对湿度。
- 海拔高度。
- 若用冷水——水量、进/出水温度、压力降。
- 通过冷却设备与 IT 设备的风量。
- 风量(或其他冷却介质)分布与平衡。

第 3 章

暖通空调负荷考虑

数据通信设施内的暖通空调负荷必须像其他设施内的负荷一样进行计算。它的典型特点是，来自数据通信设备本身有很大的显热负荷，相应的显热比也很大。当然，还存在其他负荷。重要的是，由各种负荷源组成的综合负荷应在设计早期阶段进行计算，而不可依赖于按 W/ft^2 进行一般性总量估算，忽略了其他潜在负荷。

此外，如果数据通信设备初期配置时或“首日”运行时因设备量少而负荷很小，那么，部分负荷运行时其他负荷(围护结构、照明等负荷)的影响以比例来说就显得更为重要。

3.1 数据通信设备

在数据通信设施中，主要的热源是数据通信设备本身。该负荷是高度集中、非均匀分布且在变化。产生很大热量的设备通常配有内置风机和空气通道，让抽自房间内的冷空气经过具体某台设备将热量带走。

有关数据通信设备散热量的资料应从设备制造商处获得。在 ASHRAE 出版的“Thermal Guidelines for Data Processing Environments(ASHRAE 2009)”中有这方面的示例——设备热报告(Equipment Thermal Report)。如需采用，应以专适用于“热设计”的格式提供散热量资料。数据通信设备铭牌上的资料不应采用，因为用它后会得出一个非现实的高设计值，使冷却系统架构选得过大。

目前生产的绝大多数数据通信设备配有依据进风温度与/或负荷可改变风量的冷却风扇。在一般运行工况下，这些风扇的风量可能很小，但当中央处理器(CPU)利用率很高与/或处于极端工况时，如系统进风温度很高，则风扇的风量就将增大。因此，在暖通空调(HVAC)系统设计时，考虑风扇可变风量也许是重要的。

3.2 设备负荷，包括高密度负荷

3.2.1 趋势

在几乎所有数据通信设施中，冷负荷主要为数据通信设备的显热负荷。在编写此书时，某些类型的数据通信设备的热密度正在显著地增加，独立服务器的热负荷(或机架负荷)已增加到每个机架大于30kW，这样突出的负荷变化就要求设计工程师跟上最新设计技术的步伐，确保有足够的冷却能力来满足当前负荷的需要，并适应未来设备配置变化的灵活性需要。

应该注意的是：即使整个房间内的热密度低于“高热密度”的界限，但对于个别高热密度机架，就局部意义上仍然要为其提供足够的冷却。对于机架的进风工况，应进行核对与验证，以证明能足以满足制造商的要求。如另需资料和指南，可参阅ASHRAE出版的“Thermal Guidelines for Data Processing Environments (ASHRAE 2009)”一书。

随着热密度的增加，用风冷来解决问题正接近上限。然而以更有效的冷却技术予以应对的兴趣也在增加，例如采用液冷的机柜，在某些情况下用液冷的电子设备等。液冷介质可以是水、制冷剂、高非导电碳氟化合物，或非导电的两相流体。有些制造商已经采用了这类方法，我们鼓励读者跟上该领域中研究和发展的步伐。

为了将来使用和负荷增加，新建的数据通信设施和待重大改造的数据通信设施应考虑添加合适的基础架构(管道分接口、馈给器等)。在一个正在运行的环境内进行翻新改造，这些“基础架构”通常是很昂贵的、具有破坏性和危险性。

3.2.2 设备热负荷计算

设施中用于设计的数据通信热负荷密度计算是一个动态目标，这是出版“Datacom Equipment Power Trends and Cooling Applications (数据通信设备电力趋势与冷却应用) (ASHRAE 2005i)”一书的主要原因之一。为了根据该“电力趋势”书中的数据来确定设施中的设计热负荷，(1)有必要明确设施的“目标设计日期”(因为预计的负荷增加期至少到2014年)；(2)根据数据通信设备的类型或其他用途，应了解数据通信设备分类的大约面积。

在“Datacom Equipment Power Trends and Cooling Applications”一书中，设备的类型可分为以下七类；

- 磁带存储器。
- 工作站(独立的)。
- 存储服务器。
- 计算服务器——2U与更大。
- 计算服务器——1U，刀片式与定制的。
- 通信——高密度。
- 通信——极高密度。

当室内每一类设备占地面面积的百分比一旦已知，则每类设备所占面积(ft^2)可按下式估算：

设备类型 xx=占地面面积百分比 $x\%$×总面积=$X ft^2$；

设备类型 yy=占地面面积百分比 $y\%$×总面积=$Y ft^2$。

将每一类设备的占地面积乘以每一类设备的热密度，然后再相加，便可估算出总负荷。表3.1为2005年安装的数据通信设备预期的设施设计热负荷计算示例。

计算示例——配2005年设备的新设施预期总热负荷　　表3.1

设备类型	占架空地板面积百分比①	总面积(设备底脚面积)②(ft^2)	热密度(W/ft^2设备底脚面积)，2005年资料③	设备负荷(W)
磁带存储	10	1000	175	175000
工作站	2	200	660	132000
存储服务器	10	100	1125	1125000
计算服务器——2U与更大	5	500	2150	1075000
计算服务器——1U，刀片式，定制	1	100	3800	380000
通信——高热密度	1	100	2600	260000
通信——极高热密度	1	100	6250	625000
通道，其他用途④	70	7000	按实际设备计算	35000
总计	100	10000		3807000
架空地板平均负荷(W/ft^2)⑤				381

注：① 仅为示例数据，实际数据应按具体应用。
② 按“架空地板”面积10000ft^2(929m^2)计。
③ 热密度值取自ASHRAE的“Power Trends(电力趋势)(ASHRAE，2005i)”中。
④ 这是假定值，实际值应在所有其他用途的面积明确后，采用类似的矩阵方法计算。
⑤ 此值仅针对架空地板上的设备，并不包括第3.4节中所述的负荷。

表3.1虽然只是一个计算示例，但它表明，已有的数据通信设备就可使数据中心成为高热密度的数据中心。

3.3 配电设备

在某些情况下，配电装置(Power Distribution Units-PDUs)被安放在数据通信设备房间内，作为将电压调至可用等级并将电力送到数据通信设备的最终手段。来自这些配电装置内的变压器的散热量，应参考设备制造商的说明书后予以计入。如果不间断电源(UPS)位于数据通信设备房间内，则该设备的产热量也必须考虑。

3.4 其他负荷

3.4.1 通风与空气渗入负荷

有关通风与空气渗入的负荷计算，可参阅 2005 ASHRAE Handbook-Fundamentals, Chapter 27, "Ventilation and Infiltration" (ASHRAE 2005e)中的相关内容。

由于数据通信设施内的人员数较少，故新风量较其他设施少。在许多情况下，为了使室内获得100%显热供冷，预处理(过滤与湿度控制)这部分空气并保持通信房间正压是有利的。

3.4.2 照明负荷

照明得热量应取决于照明规划。照明负荷的数量级一般小于数据通信设备负荷的数量级，而且通过照明控制还可减小，因为常有未被使用的数据通信房间。

3.4.3 人员负荷

对于人员负荷，应考虑为轻度工作时的负荷。它常是数据通信设施内唯一的内部潜热负荷，故在选择冷却盘管时也许是一个考虑因素。

3.4.4 围护结构负荷

围护结构的得热量取决于围护结构的位置与构造。如有可能，应避免有外墙；还至少应避免有窗户，以减小日射负荷和避免潜在的结露现象；还应考虑增加墙面的绝热层；特别应注意隔汽层，以减小潜热负荷的侵入。有关照明、人员、围护结构冷负荷的更详细设计资料，可从“2005 ASHRAE Handbook-Fundamentals，Chapter 30，‘Nonresidential Cooling and Heating Load Calculation Procedures’（ASHRAE 2005f）”中获得。

3.4.5 热传递

虽然内部得热量主宰着绝大多数数据通信设备房间的负荷，但房间的得热量在设计时应予以认真评估和提供。如另需设计资料，可参阅 2005 ASHRAE Handbook-Fundamentals，Chapter 31，“Fenestration”（窗的排列设计）(ASHRAE 2005g)中的相关内容。

3.4.6 供热与再热

由于数据通信设备房间内的内热量很大，所以电子设备负荷中的供热需求一般较小。当然，在许多数据通信设施中，由于初期或“首日”运行时设备使用量少，散热量小，所以在设计时应提供足够的供热量来补偿室外空气与围护结构热损失所需热量。

许多计算机房空调(CRAC)机组配有去湿过程中使用的再热盘管。此过程中进行再热必须充分监视。当有可能时，让它不工作，因为同时加热与冷却浪费了能量。

3.4.7 加湿

加湿与/或去湿在绝大多数环境中是需要的，以满足“Thermal Guidelines for Data Processing Environments(ASHRAE 2009)”中规定的1级与2级数据中心推荐的相对湿度为40%～55%，允许相对湿度为20%～80%的要求。

在大多数情况下，虽然主要的湿负荷来自室外空气，但还应考虑所有潜在的湿负荷。对于数据通信机房，通常可接受的做法是不主动提供加湿。但为了减少静电释放（Electrostatic Discharge-ESD）而引起故障，一般采用人员接地的做法。

当湿度受控房间有外墙或邻室外吊平顶时，应进行隔汽分析。有关设计资料可参阅 2005 ASHRAE Handbook-Fundamentals，Chapters 25 “Thermal and Water Vapor Transmission Data（热与水汽传递数据）（ASHRAE 2005d）” 中的相关内容。

第 **4** 章

计算机房冷却概论

虽然为数据通信设施服务的暖通空调系统为了备份可能要与其他系统互接，但也许需要独立于楼宇内的其他系统。冗余的空气处理设备一直在使用，通常为自动运行。完善的空气处理系统应提供通风用空气、空气过滤、冷却与去湿、加湿与加热。制冷系统应独立于其他系统，根据设计可能需全年供冷。

数据通信设备房间可以用各种系统进行空气调节，包括组装式计算机房空调(CRAC)机组和集中式空气处理系统。空气处理与制冷设备可位于数据通信设备房间内或房间外。

4.1 计算机房空调(CRAC)机组

计算机房空调(CRAC)机组是解决数据通信冷却最常用的手段。CRAC机组是专为数据通信设备房而设计的，它应按“ANSI/ASHRAE Standard 127, Method of Testing for Rating Computer and Data Processing Room Unitary Air-Conditioners(美国国家标准协会/美国采暖制冷空调工程师学会标准 127，计算机与数据处理房间单元式空调器额定值测试方法)”的要求进行制造与测试。

4.1.1 供冷

CRAC 机组的供冷系统配置有多种形式，包括水冷型、直接膨胀风冷型、直接膨胀水冷型、直接膨胀乙二醇冷却型。直接膨胀(DX)型机组一般有多台配独立制冷剂回路的制冷剂压缩机、空气过滤器、加湿器以及配置远程监视屏和远程接口的集成控制系统，再热盘管是任选项。CRAC 机组也可配乙烯乙二醇预冷盘管和附带的干式冷却器，以便在气候条件能实现经济性策略的地区进行水侧经济器运行。有水冷盘管的CRAC机组也可配置接远程风冷冷凝机组的DX型盘管，作为冗余冷源。

利用冷水供冷的CRAC机组，在其机组内不含制冷设备，故维护工作量一般较小，效率较高，能保持较小的室温变化，比当量的DX型设备更易支持热回收策略。

4.1.2 位置

CRAC机组常置于数据通信设备房间内，但也可远置，用风管接至空调房间。不管是否远置，它们的温度与湿度传感器的位置应能使送入数据通信设备内的进风工况被正确地控制在规定的容差范围内(见表2.1)。利用先进的技术，如计算机流体动力学(Computational Fluid Dynamics-CFD)对数据通信设备房间的气流组织进行分析或许是需要的，以便最优地确定数据通信设备、CRAC机组和相应的温度与湿度传感器的位置。否则，传感器的位置有可能使由它控制的CRAC机组的空调调节不到它，或其位置并非最佳，使供冷系统耗费更多的能量。

4.1.3 湿度控制

CRAC机组内可用的加湿器有蒸汽型、红外线型和超声波型。对于加湿器，应考虑的是维护与可靠性。此外，将各种类型的加湿另置于一个专用的集中系统中可能更有利些。另一项需考虑的内容是，某些加湿方法或使用了处理不当的补给水，很可能会将细小的颗粒物带到室内。

在除湿模式中，当为了空气除湿而使空气过冷时，有时需采用再热。根据再热要求，一般用电热、热水盘管或蒸汽盘管引入显热量，增加了房间的实际负荷。作为一个节能方案，也可利用压缩机的废热(热气)进行再热。为了湿度控制，数据通信设施的围护结构应设隔汽层。

4.1.4 通风

在使用CRAC机组的系统中，通过一个专用系统引入室外空气为各区域服务可能是有利的。此专用系统常提供房间压力控制，同时按数据通信设备房间内的露点温度控制室内湿度，使服务于房间的一次系统仅提供显热冷却。图4.1表示了一个独立的室外空气预处理系统结合一个仅进行显热循环的系统。

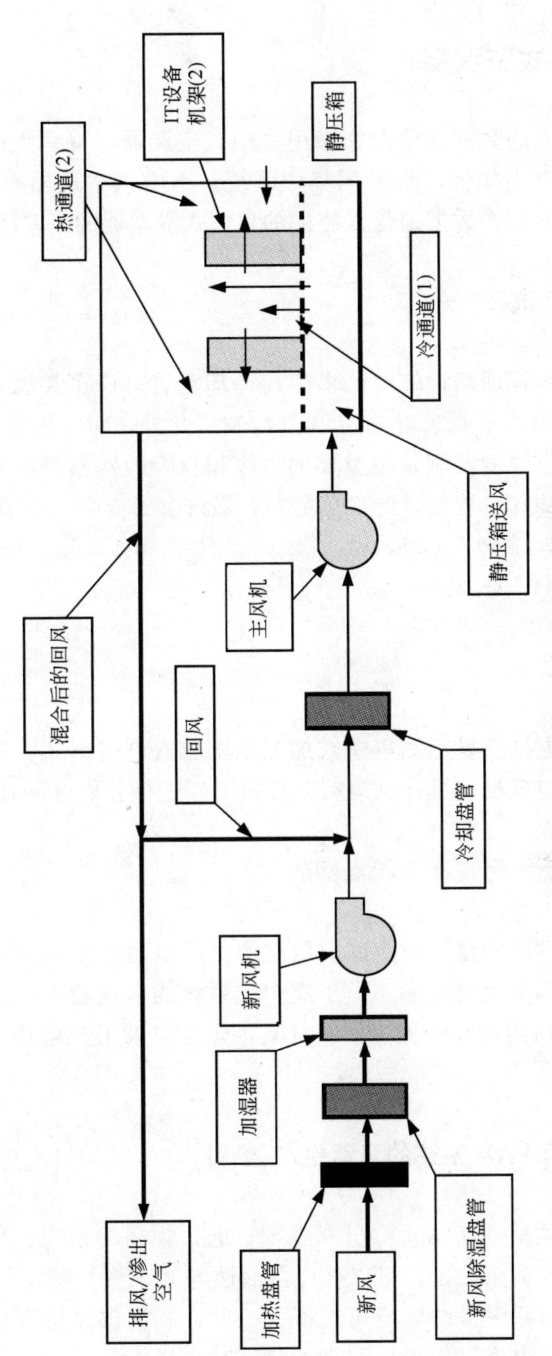

图 4.1 配室外空气预处理专用系统的数据通信设施

4.2 集中式空调器

有些较大的数据通信设施采用集中式空调器，特别是许多集中通信机房，不管其大小如何，常采用集中系统。集中式空调器有其优点和缺点，本节将介绍应用在数据通信设施中的集中式空调器的一些内容。

4.2.1 盘管选择

可用于数据通信设施中的供热与冷却盘管有许多类型，任何一种盘管的理想设计和技术要求都应有调节控制。此外，对于除湿用的冷却盘管，有精密的露点温度控制是很重要的。冷却盘管的控制阀应设计成在故障时开启。有关冷却盘管设计的更多资料，最好参考 2004 ASHRAE Handbook-HVAC System and Equipment，Chapter 21 “Air-Cooling and Dehumidifying Coils ”（ASHRAE 2004e）。

4.2.2 加湿

用于数据通信设施的集中式加湿系统也有许多形式。由于加湿的费用很大，因此对现场、具体的运行能耗费用应进行分析(Herrlin 1996)。

4.2.3 部分负荷效率与能量回收

集中式系统的设计应能适应数据通信区域内整个负荷范围的情况，并具有良好的部分负荷效率。由于集中式系统的容量较大，它也许能提供效率比 CRAC 机组更高的能量回收方案，应考虑采用转轮式换热器或交叉连接的盘管。

4.2.4 采用 VAV 系统的灵活性/冗余性

采用变风量空气(VAV)分布系统、选大规格的系统、交叉连接的多个系统，或提供备用设备，可以获得灵活性与冗余度。与定风量(CAV)空调器相比，变风量设备的规格可选得大一些，能提供过量容量，但运行时可用适宜的送风温度进行最优湿度控制，减少风机运行功率需求，提供室温最佳控制，减少再热要求。

VAV 系统共有的缺点：如地板下压力分布飘移和伴随的地板块送风量的飘移，故应利用 CFD 或其他分析技术进行模拟，确保系统能进行调节，对重要区域的总风量和冷量无不利影响。变风量策略要考虑的是，对于大多数有限制的机架，在以最小风量运行时需得到足够的静压。

4.3　液体冷却

在第 3 章(3.2 节)中提到的数据通信设备高热密度机架可能已超出了用风冷解决冷却问题的上限，新的数据通信设备已有以开式架构或闭式架构的形式用液体进行冷却。开式架构系统是利用位于所服务机架内侧或外侧、邻近热负荷的冷却盘管和利用房间中的空气量来“储热”，以应对短时断电。封闭式架构是用机架内侧的冷却盘管全部封围机架。当然，应对断电还需要有其他措施。

采用液冷的目的是要排除数据通信设备中的热量。在有些配置中，独立的换热器利用了数据中心的冷水冷却隔离开的二次回路液体系统，该二次冷液被接至数据中心内的换热器，或被集成到采用独立泵与管路系统的各个设备机架内。所用的液体有水、非导电流体或制冷剂。水的优点是价廉，缺点是需处理渗漏时引起的电器灾难。非导电流体的优点是不导电，缺点是价格贵，还因其传热性能减弱而需较大的水泵与管路系统。制冷剂溶液是一种两相溶液，它渗漏时呈气体，不需清洁或无电器灾难。利用相变吸收热量也能使系统的效率提高，较水溶液需更小的泵送系统和管路系统。它的缺点是溶液价格和管路安装费用高，以及用 HFCs 制冷剂。这些技术中任何一种设计的要求是保持冷液温度高于空气露点温度。这些配置一般采用较小的管道和柔性不滴漏互连接头，将温度稍高的冷水或其他液体送至数据通信设备中的换热器，通过换热器再将温度稍高的流体送回冷水换热器。辅助液冷系统使用的液体较标准冷水系统中的水清洁，有可清洗的过滤器。此外，运行压力应尽可能低。

取决于所用的液体，支持性机械设备的位置、管路途径必须与数据通信设备首期与未来发展的需要相协调，避免渗漏液体与电子设备接触。用滴液盘防漏和利用渗漏探测器来关闭补水供水管应在设计中予以考虑并设置。

首期的设计布置与运行应考虑到数据通信设备未来液体冷却需求的增加。设计中应设带隔离阀门、有帽盖的接口，以接纳未来增加的系统，支持液冷机架的拓展等。

有关液冷的其他资料也可见本书第 6 章和 ASHRAE Journal 的论文(Beaty 2004b)。

4.4 冷水输配系统

冷水输配系统的设计应达到与计算机房其他支持系统相同的质量标准和可靠性、灵活性标准。在有可能扩展时，冷水系统的设计应考虑扩展或添置新设备之需，而不至于大范围停机。为了使系统成为一个完全容错和同时可维护的系统，应考虑从集中冷站接出两组管路。图 4.2 表示有区段阀门和多支管阀门的冷水回路系统。支管可为空调器或水冷型计算机设备提供服务。

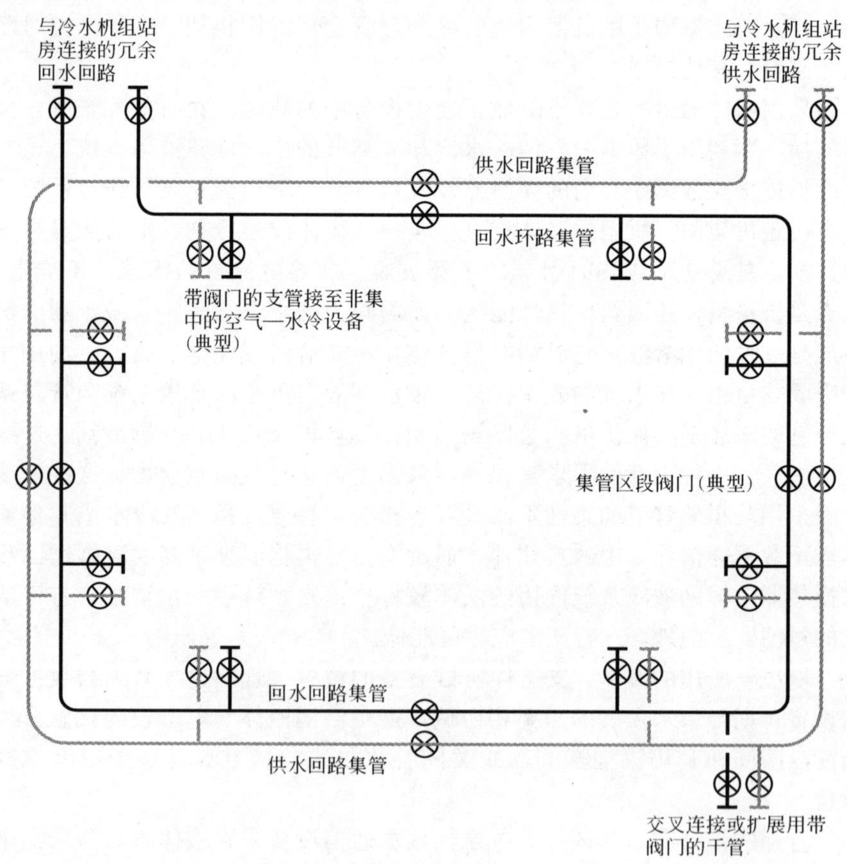

图 4.2 冷水输送回路

由于冷水可从回路两侧提供，故阀门的数量和位置可调整和维修，不会使系统全面停止工作。这种回路布置能切实改善为计算机房服务的冷水系统的可靠性。“未来用的分支管”上应有盲板法兰，在法兰与切断阀之间有压力表和排水管。这样，为保持支管的性能，可以进行阀门的使用和检验。如果管路位于架空地板下(见第 5 章)，则考虑管路位置对气流分布的影响也很重要。

当冷水为位于数据通信设备房间内的组装式空调设备服务时，应考虑水温的选择，既需满足房间显热负荷的要求，又要减小过多冷凝水出现的风险。因为数据通信房间的负荷主要是显热负荷，所以冷水温度可相对高些。若采用较低温度的冷水，可减少冷水循环量，从而能节约水泵能耗与管路安装费用。

然而，若冷水温度过低，会导致盘管表面温度低于空气露点温度，引起不想要的除湿过程和不必要的加湿运行，浪费了能量。因此，在供水温度较低所伴随的运行费用、安装费用较低，与供水温度较高所带来的冷水机组能耗降低之间，应找到一个平衡点。

在有些设施中，可能需要两种或多种冷水温度，这可以用多台冷水机组或另用换热器为所需用途提供较高温度的冷水。

4.5　冷凝器系统

数据通信设施的排热可采用水冷或风冷系统。有关冷却水系统的基本资料可从 2004 ASHRAE Handbook-HVAC Systems and Equipment，Chapter13 “Condenser Water Systems(冷却水系统)”(ASHRAE 2004b)中获得。在采用开式格栅型冷却塔或蒸发式冷却塔的情况下，应考虑补给水储存，作为提供冷却水补水的生活用水的备份。此外，当采用开式冷却塔时，应考虑用一个换热器将开式回路与供给 CRAC 机组的闭式回路隔离，以限制 CRAC 机组冷凝器可能出现的污垢，避免增加每台机组的维护工作量。另一个方案是在 CRAC 机组内设置一个可清洗的冷凝器系统。如果采用这种方法，则冷却塔水回路在较冷的环境温度时可用于为“免费供冷盘管”供水。免费供冷盘管应采用铜镍(CuNi)管道，以减少污染物对盘管的影响。

风冷系统一般以内置制冷压缩机和蒸发盘管来支持 CRAC 机型。这些系统或含远置式风冷制冷剂冷凝器或远置式“干式冷却器”。如采用远置式制冷剂冷凝器，则压缩机与冷凝器之间的管道规格和距离须经评估，以确保制冷剂能输送到冷凝器，润滑油能回到压缩机。“干式冷却器”系统有一个闭式乙二醇回路，它将来自机组上的冷凝器的热量传给空气——乙二醇换热器。在经济上可行时，有时将同样的乙二醇回路依附在“经济器——供冷盘管”上，装在CRAC机组内。当乙二醇回路中的溶液温度低于机组的回风温度时，它能提供“免费供冷”。

相对于水冷系统，风冷冷凝系统更大的可靠性已使风冷系统在有重要任务的设施中普遍应用。风冷系统也消除了对补给水(与补给水备份系统)的需求。但对它的缺点，如运行费用较高应予以评估。冷却塔、干式冷却器等需要有与冷水机组和其他重要基础设施同样程度的冗余度和分散性。

4.6 制冷

制冷系统的设计应与预期的冷负荷相匹配，在需要时能扩展，也可能要求其全年连续运行。在线扩展制冷系统也许是必要的。在系统要求与其他楼宇和其他工艺系统的要求不同时，或应急电源要求不与其他系统合用时，数据通信设备房间可能要求有独立的制冷设施。

热回收型冷水机组也许能为回收与重新利用来自数据通信设备环境中的热量，为普通办公室的舒适性供热提供有效的手段。系统必须具有可靠性与冗余度，与设施的需求相匹配。系统的运行、检修与维护不应干扰设施运行。

4.7 冷水机组

由于数据通信设施常使用大量的能量，故供冷系统的设计应尽可能有最大的效率。对于大型设施，水冷型冷水机组的效率一般最高。有关冷水机组的基础资料可从2004 ASHRAE Handbook-HVAC Systems and Equipment，Chapter 38“Liquid Chilling Systems”(ASHRAE 2004f)中获得。

由于数据中心常运行在非高峰容量时，故冷水机组选择时的另一项考虑是部分负荷效率(更多信息请参阅本书第14章)。为了优化用能，应分析一级泵与二级泵之间的相对能量效率。

还需注意的是，应确保区段性阀门能适合水双向流动，并在阀门的任一侧维护时能严密切断任何方向的水流。有时候可能需要多个阀门，使阀门自身得到维护。

4.8 水泵

对于水泵与泵送系统，应考虑节能、可靠性与冗余度。设计变速泵也许是需要的，这是为了使有冗余度的泵一直运行。当有一台泵因故障停运时，有冗余度的泵可全速运行。

有关水泵的基础资料可从 2004 ASHRAE Handbook-HVAC Systems and Equipment，Chapter 39 “Centrifugal Pumps”（ASHRAE 2004g）中获得。有关管路系统的资料也可从同一卷 Handbook 的 Chapter 12 “Hydronic Heating and Cooling System Design”（ASHRAE 2004a）中获得。

4.9 管路

冷水与乙二醇管路必须经过压力试验。在施工期间，应对计算机区域内的所有区段管路进行压力增量试验。管路也必须进行充分绝热和有效的隔汽防护。冷凝水管也需绝热。在施工期间，还需留意架空地板下的拖拉电缆，因为这有可能损坏管道绝热层。

在计算机设备房间内为所有管路提供第二层围护需谨慎。此围护既可以是一个盘或是一个位于管路之下、昂贵设备区一端的挡水区；也可以是一根在昂贵设备区另一端焊接而成的双层套管。第二层围护装置应能检漏，它不仅能检测到冷凝水，还应能识别受损管道、阀门、配件等的渗漏处。此外，在水管经过任何重要空间处，不管管道高度如何，也应设置检漏装置。

尽管有这样大量的保护性措施，数据通信服务商从来不愿意让液体管路进入设备房间供冷。然而，这种不愿意并未排除其他水管，如喷晒头、暴雨排水管进入数据通信设施内（Beaty 2004b）。

管路的特殊性考虑应包括质量好的除污器。它有压差报警，可防止控制阀与换热器通路堵塞。总体上说，在所有设备处，应能就地排水和放空气；温度计与其他传感器应可检修，如安装在“干套管”内；压力表应有旋塞。

如果与其他系统进行交叉连接，则应处理好因进入脏物、污垢、杂物而对数据通信设备系统可能造成的影响。

水处理是数据中心管路系统中一个重要的运行问题，更多的资料见 2003 ASHRAE Handbook-Applications，Chapter 38 “Water Treatment”（ASHRAE 2003f）中的内容。

4.10 加湿器

选用何种加湿技术应依据以下三个特点：

(1) 水质(导电性)。

(2) 便于系统维护。

(3) 节能。

红外系统由于它无导电性要求而成为对水质最宽容的技术。蒸汽发生器最易维护，因为它只需换滤罐，但价格并非最廉，取决于需要更换的频率(依水中的矿物含量而定)。如果能获得去离子水，最节能的是超声波加湿。超声波加湿除了运行费用低外，还因是绝热冷却过程而有利于满足冷负荷要求。1lb/h(0.45kg/h)的加湿量大约能提供1000Btu/h(0.3kWh)的"免费"冷量。需注意的是，去离子水瓶的费用也许会抵消能量节约的费用。

加湿器必须对控制器作出响应，必须可维护与不夹带水滴；湿度传感器的位置应能对IT设备的进风工况进行控制。如另需参考资料，推荐参考2004 ASHRAE Handbook-HVAC Systems and Equipment, Chapter 20 "Humidifiers" (ASHRAE 2004d)中的内容。

4.11 控制与监视

4.11.1 控制

控制系统必须能可靠地控制温度、相对湿度，以及在需要时控制压力在设定值的容许范围内。服务于高利用性房间的控制系统的设计，必须做到部件与通信的故障不会导致受控的HVAC设备故障。控制与监视系统应由UPS系统馈电。

要完成此任务的方法很多，但通常是采用多个分布式控制系统，它不会使一个系统故障而影响另一个系统。当需要时，系统中的HVAC部件有专用的控制器，在发生故障时能确保冗余的HVAC系统自动、独立地运行。

根据表2.1，控制系统应为数据中心设备提供进风温度64.4～80.6℉(18～27℃)；为通信设备提供进风温度65～80℉(18～27℃)。此外，还需确保传感器位置合适，性能可调。为了成功更新改造，可能需做CFD分析和控制系统模拟。

当有多台组装式机组时，还需要定期校准控制器，防止它们相互反着工作。控制系统的校准误差、机组的设定值误差和传感器性能飘移，都会引起多台机组同时供热、供冷，与/或加湿、除湿，浪费很大的能量。另外，还应考虑集成控制系统能进行机组之间的通信，共享设定值和传感器的数据，以确保协同工作，减少机组相互反着工作的可能性。如果需要，也可采用导前/滞后控制。组装式机组也可考虑控制器有冗余量，以减少单点故障。

如采用冷水，应优化水温，防止不必要的潜热冷却。

4.11.2 监视

数据通信设施常需对控制与其他基础架构的控制系统进行广泛的监视。多通路互接是常用的方法，可确保系统通信接口个别部件故障不会消除进入整个系统信息数据库的通路。

监视的内容包括：控制系统传感器与独立的"只监视"传感器；还应包括：数据通信设备区、重要的基础架构设备房、指挥/网络运行中心等，以确保重要参数能得到保留。传感器的位置应在机架的进风口，其高度应符合 ASHRAE 的"Thermal Guidelines for Data Processing Environments (ASHRAE 2009)"的要求。监视系统也应足以确保异常情况被早监视到，在设备受到影响前让操作人员有时间进行调整，恢复原来的工况。被监视数据应易被发现变化趋势、易报警，以及易排除故障。

值得监视的数据有：地板下的空气静压、温度、湿度、早期报警用的烟感系统、接地电流(ground current)、机架温度与湿度。监视系统可集成到控制系统或独立于控制系统，可以像便携式数据记录仪，或带式图表记录仪那样简单，也可像可用于重要断路器与状态点的高速(GPS-同步)实时记录仪那样复杂。利用新技术可以让分布式监视传感器能接至数据通信网络，无需有单独线路系统。

由于数据通信设备的故障可能是由数据通信设备房间的环境工况控制不当引起的，所以需保留房间的温度与湿度记录。许多数据通信设备制造商已经将温度传感器埋入设备内，这样，它与设备的功能有关，也能用于减容量运行或停机，以避免设备因过热而损坏。

报警是至少需要提供的内容，它在温度与湿度超出允许范围时可报警。良好的维护空调设备过滤器所用的精确压差表具，有助于防止系统失去风量，保持环境在设计工况。所有监视与报警装置应有就地指示和有接到集中监视系统的接口。

第 5 章
空气分布

5.1 概述

在数据中心，空气是热、湿的主要携带者，正因为如此，空气分布与气流形式对数据通信房间的温度与湿度起着十分重要的作用。在热量产生地点输送适量的冷风是一项具有挑战性的任务。同样，热回风不与冷送风混合也非常重要。热回风和送风冷气流的循环与过量混合有损于服务器的性能与寿命。此外，冷空气不经过产热的服务器而短路返回空调器也会大大影响空调机组的性能和能效率。

由于服务器与其他数据处理设备的电力和热密度在迅速增加，包括用液体冷却等创新方法的新技术正在显现。然而，在本书编写时，许多通信机房尚未采用液冷设备，空气仍然是为数据通信设施提供冷却的最普遍的介质。本章将介绍从空调机组到产热设备进行有效冷风分布的各种方法及有关挑战。

5.2 气流通过设备

5.2.1 设计工况

位于设备房间内的风冷型电子设备是暴露在从其中抽取空气的通道的环境条件(即温度与相对湿度)下的，所以，数据通信设备房间的设计者必须有设计目标，要在设备进风口获得这些条件。有关温度与相对湿度的可接受值或推荐值可见参考资料“集中通信机房(Telcordia 2001)与数据中心(ASHRAE 2009)”。

5.2.2 “一次通过”概念

“一次通过”冷却表示冷却空气在回到空气处理器前只能通过电子设备一次。在几乎每个开式数据中心(即从通道与/或相邻空间提供冷却空气的设备房间)的现实布置中，有一些再循环回风和送风旁通是不可避免的，这在房间级与机架级均是可以的，但如果措施得当，机架冷却与全热效率可得到改善和优化。

5.2.3 设备冷却类别

电子设备之间历来很少有气流的同一性，有的从设备的前面抽吸冷风，有的从设备的侧面抽吸冷风，有的向后面排风，有的向侧面排风，有的向前面排风，也有的向顶部排风。从组装的角度看，如此多的气流方案常有许多原因。然而，这些方案中有许多在设备房间内造成了空气高度混合，从而使机架冷却和热效率很差。

Telcordiac GR-3028(Telcordia 2001)引入了设备冷却(Equipment-Cooling-EC)分类法来对电子设备的进风与排风位置进行分类。它也制定了EC分类体系，例如，一台设备是从前面(front)进风，后面(rear)排风，则将它分类为F-R。类别体系提供了“共同语言”，体系的子集已在行业中被采用(ASHRAE 2009)。

每一台IT设备(如服务器)和整个设备机架可以按其进风与排风位置进行分类，图5.1表示了三种推荐的气流方案：F-R(front to rear)——前进后出；F-T(front to top)——前进顶出；F-T/R(front to top and rear)——前进顶出与后出。遵循这三种方案中任何一种的机柜和整排机架，在房间配置中组成了一个热通道/冷通道。个别安装IT设备的机架应只能遵循F-R方

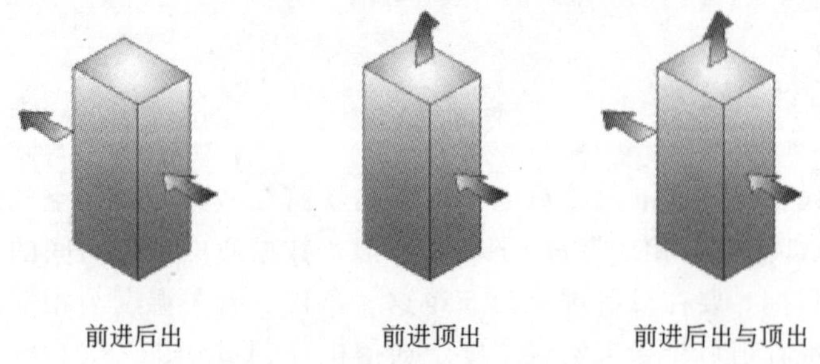

图5.1 设备气流方向推荐方案

案。虽然也有值得注意的例外形式，但在设备制造商中，这些方案是采用的趋势。

遵循所推荐方案的机架仅从房间中直接抽吸空气，所以不会过份地影响架空地板下的气流。但一些配有辅助冷却产品、预先配置的机架系统和标准系统，也许是从地板下空间直接抽取空气，在采用这些产品时，必须予以特殊考虑，因为它们可能会改变架空地板空间中的风量，潜在地减少数据中心内给予其他设备的冷风量。

需特别注意的其他产品有：隔离式(整装式)机架系统、将热排风全部用风管送回设施冷却系统的系统。

5.2.4　盲板

当一个设备架或整个机架在热通道/冷通道配置中未被使用时，采用盲板是很重要的。顾名思义，这些板(例如是一块钢板)用于堵住机架中的孔隙，防止空气不经过设备而进行再循环或旁通。如果没有这些盲板，空气常会发生再循环与旁通，降低了机架的冷却效果与热效率。备用的盲板应存放着，以便机柜内的设备需更换(或暂时移走)时使用。

5.2.5　设备风量

大多数设备含有风机，它驱动着入口冷空气与热排风流动；其风量基本上不受设备环境的影响，但也许会根据设备配置、进风温度与实时计算负荷而变化。ASHRAE 2009 参考资料概述了设备制造商应怎样告知设备的“名义风量”与“最大风量”以及典型的产热量。

相邻的 IT 设备与机架必须采用类同的进风与排风位置，以促使冷送风与热排风相分离。如果不同气流形式的设备在机架中被放在一起，则一台设备的排风有可能被吸到另一台设备的进风口内。

5.3　经过设备房间的风量

5.3.1　热通道/冷通道方案

热通道与冷通道方案是数据通信房间与数据中心内实现房间级“一次

通过”概念的简单而有效的手段(Telcordia 2001；ASHRAE 2009)。它的目的是在机架前部形成稳定的冷气流，从机架后部抽出热空气。要最好地做到这一点是将机架排成面对面，后部对后部，使送风仅送到冷通道内。热通道、冷通道方案可以用地板送风、头部以上送风、水平的置换送风，或将送风送到冷通道的其他任何地方。

热通道、冷通道方案对于不是让空气从前面吸入、从后面排出的设备(或机架)并不很好。当不能符合此方案要求的机架数量增加时，必须采用其他方案。一般来说，应将这些设备置于设备房间内一个单独的区域，可能需用特定的冷却方法。

5.3.2 机架放置

机架位置最好是按上述热通道/冷通道方案成直线、整齐地排列，文献ASHRAE 2009中详细推荐了设备放置的内容，包括通道间距、通道宽度等。

5.3.3 设备间气流

为了确保热通道/冷通道方案的实现，送风只应该引入冷通道。位于热通道中的电缆孔一般会使一些冷风渗逸到热通道中。另外，还可能存在一些情况，即有很大热负荷的机架将温度很高的热空气排出，使服务区很不舒适，所以需要用一些冷风混入该服务区域。如果可行，则应将回风口置于热风易于回到空调器而不与冷送风相混的位置，一般是将回风口置于房间内的高位处。

5.3.4 冷却效果

量化冷却效果的方法有多种，以下是一些方法示例：

无因次指数——用于确定回风与送风混合的程度(送风热指数，Supply Heat Index-SSHI)，它也是说明送风旁通到回风气流中的程度(回风热指数，Return Heat Index-RHI)(Sharma 2002)。

无因次机架冷却指数(Rack Cooling Index-RCI)——它是在行业的“热指南”与标准，如ASHRAE与NEBS的范围内来计量设备机架被冷却的有效性(Herrlin 2005)。

在应用恰当时，这些指标能优化机械系统或信息技术的设计或实施。

5.4 CFD(计算机流体动力学)模拟

优化数据中心冷却性能是一项具有挑战性的任务。有些因数影响着数据中心的气流分布与冷却性能。实际计量和现场测试不仅费时费力，而且有时候是不可能的。在此情况下，CFD模拟可在相对短的时间内进行各种设计策划和配置试验，提供可行性方案。CFD模拟可预示整个数据中心设施内的空气流速、压力和温度分布。例如，它可确定回风区与短路区，可评估机架周围的气流流型。此外，CFD模拟可帮助预示前述的无因次指数，量化机架的冷却效率与热效率。设施的管理者、设计者与咨询顾问在真实的设施建造前可利用此技术来估算出所提方案的性能。同样，CFD模拟也能在重新配置既有设施中，朝着优化设施冷却系统的同一目标，提供适当的洞察性意见和指南。

如需CFD软件的选择、使用和成果报告等资料，可见ASHRAE RP-1133(ASHRAE 2001a)。

5.5 房间冷却分类(方案)

控制机架入口空气温度在推荐的温度范围内是房间冷却系统的最终目标。在设备入口处真正能获得的冷却空气温度取决于空气从送风口(如穿孔地板块或头部上方的散流器)到设备入口之间空气流动的动态特性。该动态特性随送风方式和房间布置变化很大，以下讨论房间冷却的几种方案。

5.5.1 RC分类法

文献Telcordia 2001中介绍了房间冷却(Room Cooling-RC)分类。每种类别指的是空气分布途径和从房间中排出的途径。例如，VUF(Vertical Underfloor)类是指有架空地板与穿孔地板块的传统的数据中心冷却系统；VOH(Vertical Overhead)类是指在头部以上用风管进行空气分布的、传统的集中通信机房系统。Telcordia并未建立其他喜爱的类别。

5.5.2 竖向地板送风(VUF)

VUF类是指送风来自地板下的空间，即架空地板下的空间，这是数据中心采用最普遍的送风方式。在典型的 VUF 系统中，空调器(AHU)或计算机房空调(CRAC)机组将调节过的空气送入架空地板下的空间内，然后空气通过位于电子设备机架进风口附近的穿孔地板块，从此空间内排出。

电子设备将按需要抽吸空气。如果没有足够的冷风，则会“耗用”热的排风，使之在机架上部或在机架排列的端头再循环。由于这是一种从底部向上的置换式系统，所以，良好的起点应是让送风量稍大于被设备吸入的风量。

为了获得预期的性能，大多数数据中心的设计是使通过每一地板块的风量相等。如果只采用一种类型的穿孔地板，而且架空地板下空间的压力均匀，则送风量也是均匀的。架空地板下空间的压力均匀性受诸多因素影响，它包括：电子设备、穿孔地板块与 AHU/CRAC 机组的位置；漏风通路的位置与性质；架空地板下空间的高度；穿孔地板块的类型以及架空地板下空间中气流障碍物的大小与位置。如前所述，控制机架进风口处的空气温度在规定范围内是最终目标，然而，在设施有了规划和机架布置尚未进行时，CFD 模拟对确定架空地板下空间的压力分布(与随之得到的穿孔地板块的风量)是很有价值的设计工具。同样，通过对已建成项目测试来进行验证也许是必要的。

影响 VUF 系统送风气流与整体性能的因素讨论如下，更多的参考资料见 VanGilder(2005)，Schmidt(2001b)。

1. 电子设备与地板块位置

对于许多设备房间，布置设备时的最好起点是如图 5-2(ASHRAE 2009)所示，以标准的 7 块地板块间距来布置热通道/冷通道。房间应尽可能呈矩形、对称或可重复式布置。唯 F-R、F-T 或 F-T/R 类别的设备应用于有热通道/冷通道布置的架构中。

2. AHU/CRAC 机组

AHU/CRAC 机组常沿房间的周边布置，如图 5.2 所示。于是，为了获得高速送风气流与穿孔地板块间的最大距离，也为了向房间中的热回风提供有效的途径，一般应将机组置于热通道的两端。用于将 AHU/CRAC 机组的向下送风气流改变为水平方向气流的导叶片一般并不需要。事实上，穿孔地板块的气流均匀性可以简单地让送风气流在直接冲向底层楼板后很快、均匀地扩散而得到改善。此外，CFD 模拟对优化具体布置是一个很有价值的工具。

3. 漏风量

在架空地板中，电缆与公用设施的开口处、地板块周围的缝隙与系统孔口，它们并非用于送冷风，但导致了漏风。以往的资料表明，渗漏到其他处的风量占架空地板下空间送风量的10%～50%，甚至更多。如此大的漏风率使分隔送风冷气流与回风热气流失去了控制，使通过穿孔地板块的风量的均匀性很差，冷却效率也很差。因此，减少地板块上的切口，对难以避免的孔口使用能密封的产品，可减少漏风量。

4. 架空地板下空间的高度与障碍物

架空地板下的空间普遍用于空气分布、数据通信/电力布线与布管。地板下布线会强烈地干扰地板下空间的送风气流分布。此外，障碍物也会产生局部影响，使数据中心设备周围的冷却性能不均匀。架空地板下空间的净高一般最小为24in(610mm)。在某些情况下，更高的空间高度有助于获得更均匀的压力分布。每一个数据中心应有电缆管理策略，以减小因电力与通信电缆和电线等造成气流障碍。

5. 穿孔地板块形式

穿孔地板块的标称穿孔率一般为25%，因为它能提供低压力降和地板下压力相对均匀之间的良好平衡。风量大的地板块(例如穿孔率为56%)虽然在给定的压力下可获得较大风量，但其均匀性差，预期分布性能差。在一个系统中，也可以采用小风量地板块与大风量地板块混合配置，但可能需要通过CFD模拟，或通过测试与计量对此非标准配置的性能进行验证。

6. 回风途径

在VUF系统中，热设备的排风也许会如图5.2所示，通过房间或通过上部的回风空间或风管回到AHU/CRAC机组。但是，在设计过程中必须特别注意“回风移动”的途径，包括在机架顶部与吊平顶(或屋顶)之间要有足够大的空间，使回风以相对低的风速经过房间回到AHU/CRAC机组的进风口。为此，还时常将回风管延伸到CRAC机组之上，使之能容易地从房间的最高点排走热空气。AHU一般比CRAC大，为了只能使热回风进入机组进风口，在其周围可能需要设部分高度的墙壁。

7. VUF系统活力

(1) VUF系统的灵活性体现在冷风分布可以通过穿孔地板块的放置与移位进行调节。

(2) 由于VUF系统是常规数据中心中最常用的系统，故最为楼宇工程师和IT工程师所熟悉。

(3) VUF送风一般能与容错，即冗余的机械设计相兼容。

(4) 架空地板送风空间能为其他基础架构(如管道、电缆等)的铺设提供方便的空间。

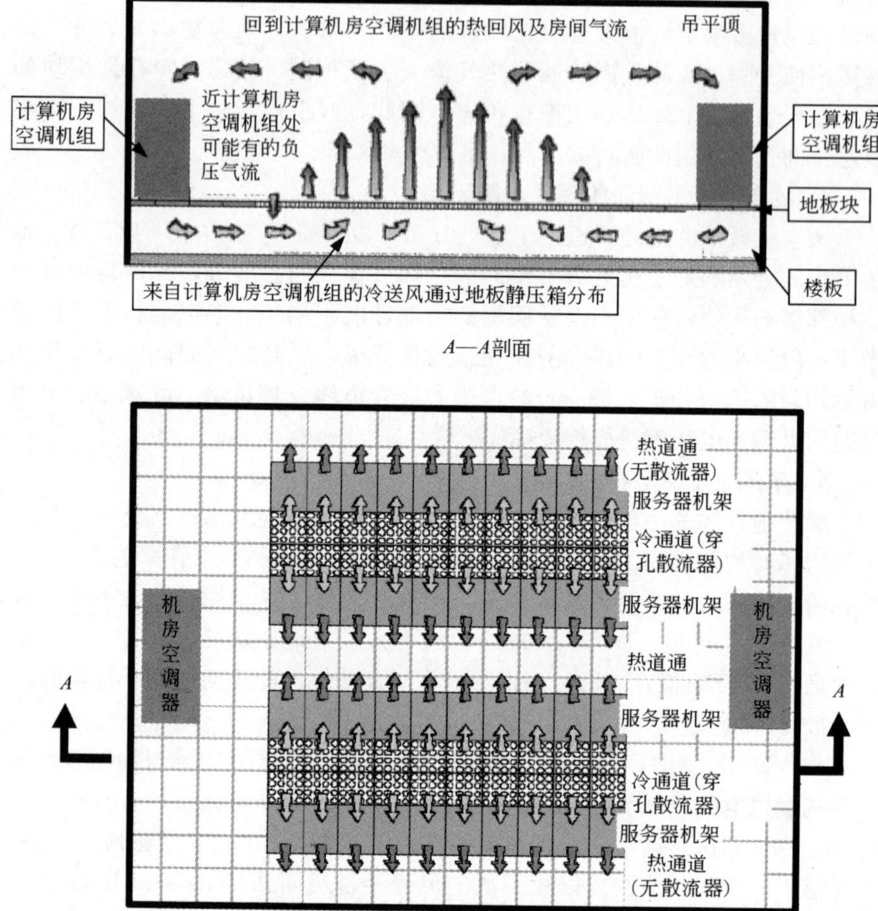

图 5.2 数据通信设备房间架空地板下空间送风分布图

8. 对 VUF 系统需关注的问题

(1) 除非整个设施包括辅助空间置于架空地板上，否则有些数据通信设备房间的架空地板区可能无坡道。

(2) 为了有最佳气流，要保持架空地板空间的清洁、有组织和无障碍物是困难的。

(3) 通过架空地板空间敷设部分机械、电气、网络基础架构的能力已在前面的“韧力”中列出，这同样也可被理解为一个需关注的问题——如果架空地板用于安装这类基础架构中的任何一种，则必须注意架空地板要另增加足够的高度，以优化整个架空地板空间内的气流分布。

(4) 要获得架空地板空间下的压力均匀，从而估计出或求得通过穿孔地板块的风量是困难的。

(5) 安全性或许也是一个需要关心的问题。在架空地板空间内会有不需要的或有危险性的材料，架空地板空间内也许能提供不受控制的通道到电缆、基础架构或设施中其他要求安全的部分。

(6) VUF 系统在风量不足的情况下运行时，由于在排端头机架的上部或周围存在着热空气再循环，故冷通道中的温度可能呈现非持续稳定，使刚好位于临界高度以下的设备会收受到很接近架空地板空间内空气温度的冷空气，而刚好位于临界高度以上的设备会收受到实质上是很热的空气。

5.5.3　头部以上(VOH)送风

VOH 是指头部以上的风管送风。空气经组装式 AHU 或 CRAC 机组调节后通过散流器被送到靠近电子设备的进风口。多台 AHU 或 CRAC 机组可以服务于一根集管或干管，以作为冗余量之需。热空气一般从数据中心的高处被抽吸出。VOH 系统是集中通信机房最普遍的送风方式。

像采用 VUF 的数据中心一样，房间中气流的动力性能决定了设备真正的进口空气温度。由于是一个“自上而下”的混合型系统，良好的起点是输送风量要比抽到设备中的总风量稍少一点。与 VUF 系统用冷空气置换周围热空气不同的是，VOH 系统一般是要使冷空气在送入设备前与周围房间内的空气相混合。

影响这类送风系统性能的因素归纳如下：

1. 电子设备设置

与 VUF 系统一样，VOH 系统也应尽可能多地采用 F-R 或 F-T 类型设备，将它们组织到热通道/冷通道的布置方式内。房间的形状应尽可能是矩形或有规则的，排距应类似于 VUF 系统。

2. 风管与散流器设置

数据中心的风管必然是大的，支管一般与冷通道同中心线，选择的散流器是下送风到冷通道，如图 5.3 所示。此外，在优化中还应经常寻求低风速/低压力降与散流器数量尽可能少之间的平衡。

3. 头部以上障碍物

送风散流器与设备进风口(即冷通道)之间的区域必须无障碍物。对 VOH 系统来说，可能更多的是一项挑战，因为它通常是没有架空地板。在

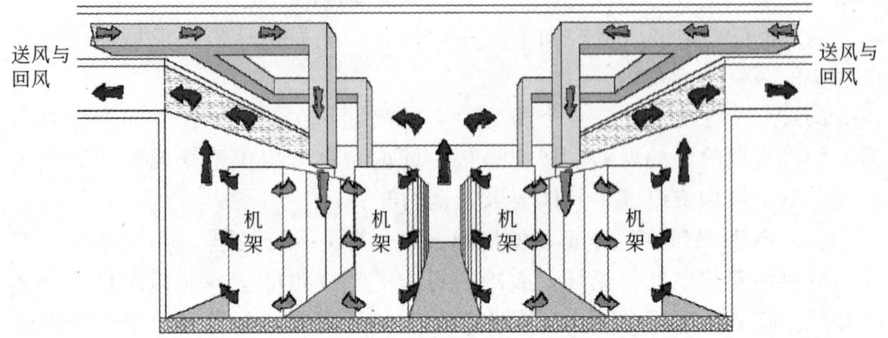

图 5.3 数据通信设施内采用的典型接风管空气分布

此情况下，所有头部以上的电缆、公用设施线路应布置在机柜或热通道之上。

4. 回风途径

必须充分注意回风途径。在机架顶与吊平顶(或屋顶)之间应留有足够的空间，以营造一个热回风不受妨碍地回到 AHU 与 CRAC 机组的低风速区。虽然回风的空间位置一般应切实地高些，但上送型 AHU 与 CRAC 机组的回风口是在近地板处，所以可能需要设回风管或在机组周围设置半高度墙，使机组的回风口只“捕捉”到热回风。为了促进形成一个非分布型回风途径，送风散流器的高度应降到低于回风途径的高度。

5. VOH 系统的活力

(1) VOH 系统的风管应简易可预计地加以平衡，这样可使系统只在需要之处提供风量(注：VUF 系统也可通过穿孔地板块换位来进行调节，但这种控制水平不如通过风管系统调节得精细)。

(2) 大型 AHU(当空气侧系统向一个大风管系统送风时，一般说更方便)比采用同规格 CRAC 机组系统和利用地板下空间进行空气分布更节能。如用装配式 AHU，将有更多的机会采用空气侧经济器。

(3) VOH 系统在机架入口处有良好的空气温度分布时，能效更好。有些研究表明，在一定的房间配置情况和设计工况下，VOH 系统与 VUF 系统相比，可以在机架处获得更均匀的进风工况(Herrlin 2005，Sorell 2005)。此原因可能与从头部上方风管送出的气流会在通道内产生空气诱导、夹带、混合有关。虽然此情况似乎与热、冷气流应该分开的目标相矛盾，但空气在冷通道内的调和或混合能确保机架前部的空气温度均匀，飘移设计点的灵敏性也减弱了。

(4) 这种混合型系统可以比相应的 VUF 系统少提供送风量，因为送风温度在进入数据通信设备前能得到调和，于是就可以将离开冷盘管的送风温度设定得比推荐的送风工况低一些。

6. 对VOH系统需关注的问题

(1) 对于采用大风管的系统，风管本身可能会干扰一些回风途径。此问题在设计过程中需充分应对，以确保整个空间内有足够的自由流通面积进行有效回风。

(2) 虽然风管系统在房间内的负荷移位时可以精确地进行平衡，但此平衡过程会比VUF系统中简单地将一块地板块重新移位或放置更复杂些。

(3) 在VOH系统中，冷通道内的风速通常高于VUF系统，这可能会引起工作在此空间内的人员对有关舒适性的抱怨。

(4) 在将CRAC机组作为风管系统中的一部分时，必须留心，因为这些机组的余静压一般比集中式空气处理机组的余静压有更多的限制。

5.5.4 水平置换(HDP)送风

HDP空气分布系统主要用在欧洲与亚洲的通信集中机房内。这类系统一般是从冷通道的一端水平引入空气。大量稍冷的空气沿着通道低速地流动，于是，电子设备从冷通道中吸取所需的冷空气。该系统需留出大量地面空间给大量的散流器用，由它们完成置换、渐趋型冷却任务。此外，设备通道的长度与设备的热密度是限制因素。

5.5.5 头部上方水平(HOH)送风

HOH空气分布系统用于北美一些长距离送风系统。该系统在冷通道上部水平引导送风空气，它通常用在供布置电缆用的架空地板环境中。

5.5.6 头部上方自然对流(NOH)冷却

NOH空气分布冷却策略并不被普遍采用。在这种冷却方式中，冷却盘管被悬挂在吊平顶上。由于冷却“单元”冷却了因浮力而上升的热空气，所以在房间设计中无风扇或风管。

5.5.7 辅助冷却

将整个设备房间升级到有较高热负荷密度是一个很复杂和昂贵的过程。

然而，通过合理的努力引入辅助冷却可以解决局部热区的冷却问题，促进“一次通过供冷”。

“Datacom Equipment Power Trends and Application(数据通信设备电力趋势与应用)，Chapter 4(ASHRAE 2005i)”中介绍了以下各种局部冷却或辅助冷却的方法：

(1) 用风扇系统直接从架空地板下空间抽风，然后将风送到机架内IT设备的前部。

(2) 用风扇系统从机架处抽取热的排风，并使热风回到计算机房的空调器。

(3) 用封闭回路冷却围封的空间。通常用冷水将围封空间内的空气进行处理，以保持局部受控的环境参数。

(4) 用位于机架以上与/或位于冷通道中央的冷却器从热通道处吸取热空气，将冷风送到冷通道内。此方法方便冷风从顶部输送，也方便从局部的热通道内回热排风到头部上方的冷却器。

(5) 在机架的后板处用冷却器冷却热设备的排风。

第 6 章
液体冷却

正如前章所述，在微处理器机房与数据中心内，服务器机架内的热负荷可能会超出风冷能达到的极限，因此就推动着设计采用液冷的解决方法。数据中心也会采用液冷以减少与数据中心设备冷却相关的总投资。在本书中，风冷与液冷的定义概括如下：

(1) 风冷——经处理过的空气被送到机架/机柜/服务器的入口，对机架内电子设备部件所产生的热量进行对流冷却。可以理解，来自机架自身内部真正热源部件(CPU——中央处理器)的热量的传输，可基于液体或空气，但将热量从机架排到机架外建筑物的冷却装置的排热介质是空气。在服务器或机架内，采用有液体的热管或泵送回路时，仍然被认为是风冷。

(2) 液冷——被处理过的液体被送到机架/机柜/服务器的入口，对机架内电子设备部件所产生的热量进行热力冷却。可以理解，在机架内，来自机架自身内部真正热源部件(CPU——中央处理器)的热量的传输，可基于液体或空气(或用任何其他机理)，但将热量排到机架外建筑物的冷却装置的排热介质是液体。

本章介绍的范围局限于与机架/机柜冷却有关的排热，不包括部件级中错综复杂的部件或护板级冷却的内容。还有许多冷却方法(如热管、热虹吸等)可用于将热量从热源部件(如中央处理器)传输到其他地方，例如在组装的电子设备内，或在机架/机柜自身的任何地方，但该级别的冷却不在本章中讨论。

为了本章的需要，现定义：用于将热设备中的热量传输到机架外任何地方的液体为“传输液”。所考虑的各种液冷方法均要求有一种手段将输送液的热量排到更大的建筑物的冷却系统中。

6.1 液冷概述

随着热负荷密度在继续增大，对用空气冷却的方法是一种挑战，因为它受到了热汇或热空气移动装置性能的限制与机架级声学要求的限制。液体，主要是具有较大的密度，故它携带热量的效率比空气高得多。当热负荷的密度较大时，选择液冷更显活力。

在液冷系统中，管道直接将液冷介质直接连到电子设备部件。以下叙述的特点能有助于深入理解用液体而不是空气作为冷源所具有的热力性能的重要优点：

• 在海平面和大气压力工况下，水的体积携热量是空气的 3500 倍。

• 同样在吸收热量后从液态变为气态，制冷剂的体积携热量是水的 5～7 倍。

• 水的传热能力比空气大 2～3 个数量级。

虽然液冷系统是冷却计算机主机系统普遍采用的手段，但随着半导体技术的出现，开始时由于还不需要液冷，故它没有得到“宠爱”。目前，由于风冷正趋向极限，使某些形式的液冷又重新被采用。

6.2 数据通信设施冷水系统

冷水既可用一台与计算机设备容量相匹配的小型冷水机组来提供，也可用服务于空调器的冷水系统中的一根支管来提供。冷水系统与制冷剂管路的设计与安装以及运行温度的选择，应减小管路渗漏和产生冷凝水的潜在性，尤其应避免发生在计算机房内，同时又满足所服务系统的要求。

用于液冷计算机设备的冷水系统的设计要求如下：

(1) 在设备制造商允许的范围内提供规定的冷水温度与压力。

(2) 能每天 24h、全年运行。

冷水分布系统的设计，在质量、可靠性与灵活性方面应与计算机房其他支持系统有同样的标准。如设备可能会增加，则冷水系统的设计应考虑新设备的扩展或添加，而不需要让原有计算机房的设备停机。

图 4.2 表示了一个有区段阀门和许多带阀门支管组成的冷水系统回路。这些支管为空调器或水冷型计算机设备服务。阀门可在不必全部关闭的情况下进行系统调整或检修。

冷水管道必须进行压力试验、全面保温，并用有效的隔汽层保护。计算机区域内的各管段应采用压力逐步增加的方式进行试压。在计算机房内保温不尽满意的阀门或其他部件下面，应设能接到有效排水管的滴水盘；水管应有防水护套，它能将渗漏水与冷凝水排到滴水盘中。局部冷却设备的入口应有除污器，以防控制阀与换热器通路被堵塞。

如果与其他系统有交叉连接，则必须处理好计算机房系统进入脏物、污垢或其他杂质可能造成的影响。

6.3 液冷计算机设备

如今，冷却计算机最常用的方法是用空气进行强迫冷却。但随着微处理器电力密度和机架热负荷的增加，有些设备需要用液体冷却来使设备环境保持在制造商要求的范围内。

通常制造商提供的冷却系统作为计算机设备的一部分，冷却回路在设备内。然而，再通过液体—液体换热器将热量从液冷计算机系统传至容纳机架的环境中。

图 6.1 表示了机架内的一个液冷回路，它用一个液体—空气换热器与房间进行换热。在此情况下，对设备买方来说，机架呈现为一个风冷型机架，故被分类为风冷系统。这里所含的内容说明了液冷系统的演变。图 6.2 介绍了一个用于冷却机架内电子设备的一个类似的机架内置液体回路。但这里的换热器为液体—液体换热器。机架内循环液体的温度通常保持在露点温度以上，以避免对产生冷凝水的担心。图 6.3 介绍了一种十分类似图 6.2 的设计，但一次液体回路中的一些部件是在机架之外，这样使机架有更大的空间来容纳电子部件。

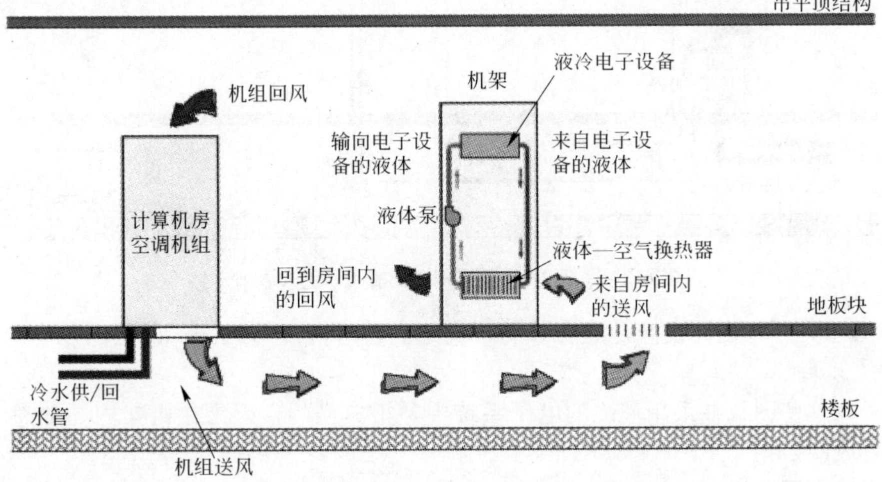

图 6.1 机架内置液冷回路

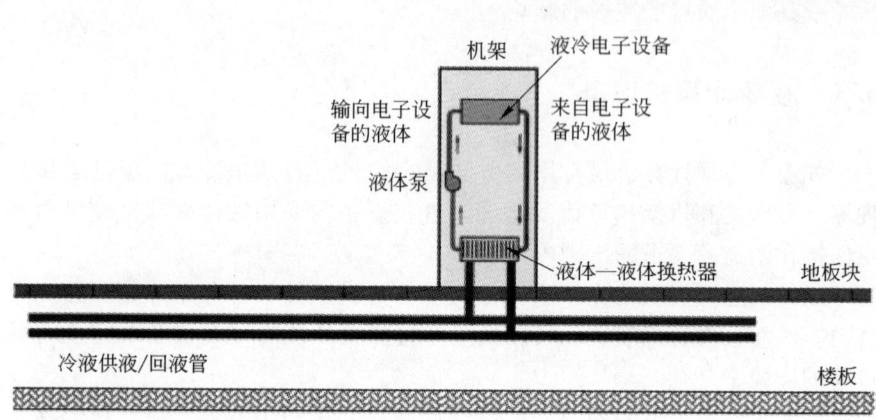

图 6.2 机架内置液冷回路与机架外置液冷回路

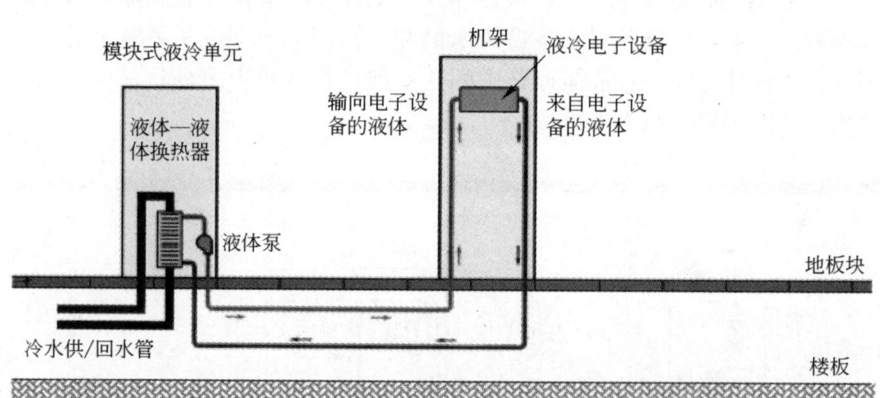

图 6.3 内置液冷回路延伸为外置模块式液冷单元

另一些延伸设计是混合系统，机架内含有液冷与风冷，详见图 6.4～图 6.6。

这些图式在采用液冷的电子系统中是很典型的，因为在机架内一般总有风冷。

在图 6.1～图 6.6 中，冷却电子设备的液体回路常有三种形式：

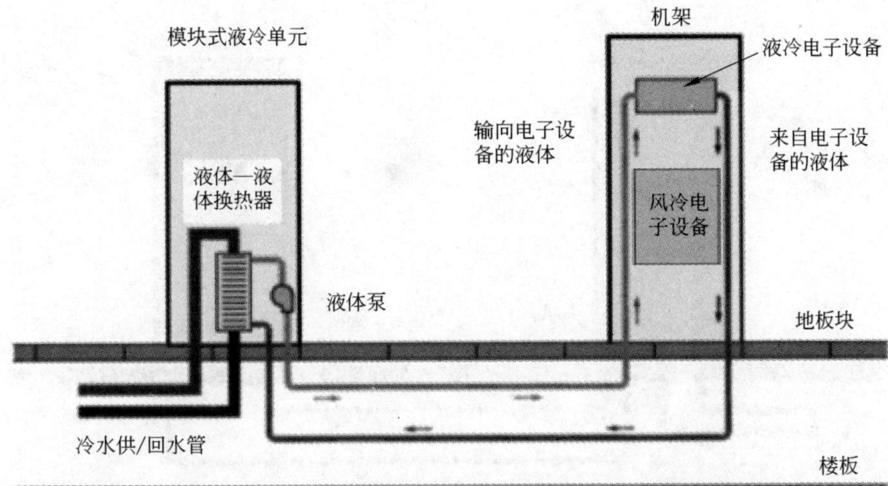

图 6.4 机架混合冷却系统——内置液冷回路延伸为外置模块式液冷单元与机架部件风冷

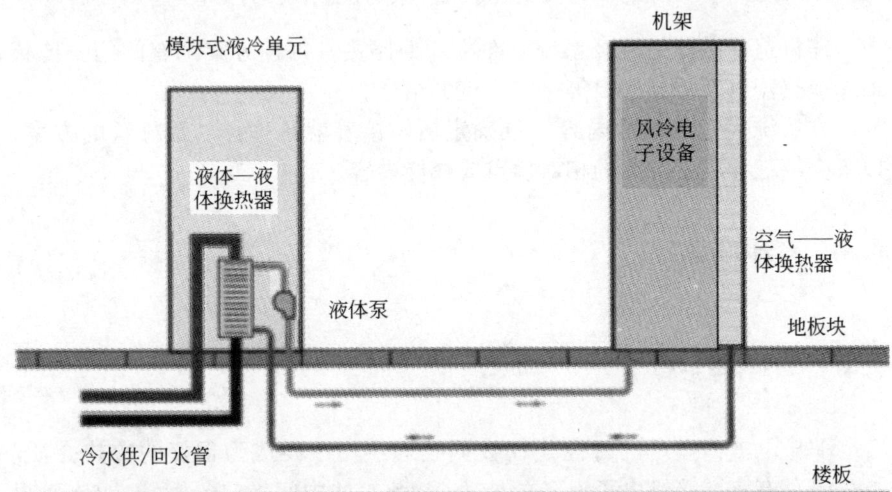

图 6.5 机架混合冷却系统——机架级液冷回路延伸为外置模块式液冷单元与机架部件风冷

- 非导电液体。
- 水(或水与乙二醇的混合物，但为了便于说明，在本节中称“水”)。
- 制冷剂(泵送或蒸气压缩)。

应注意到的是，每种冷却方式的名称实际上是指用于冷却计算机设备的冷却剂。每种方案都需要有冷却剂流通的途径(管道或软接管)，并用泵

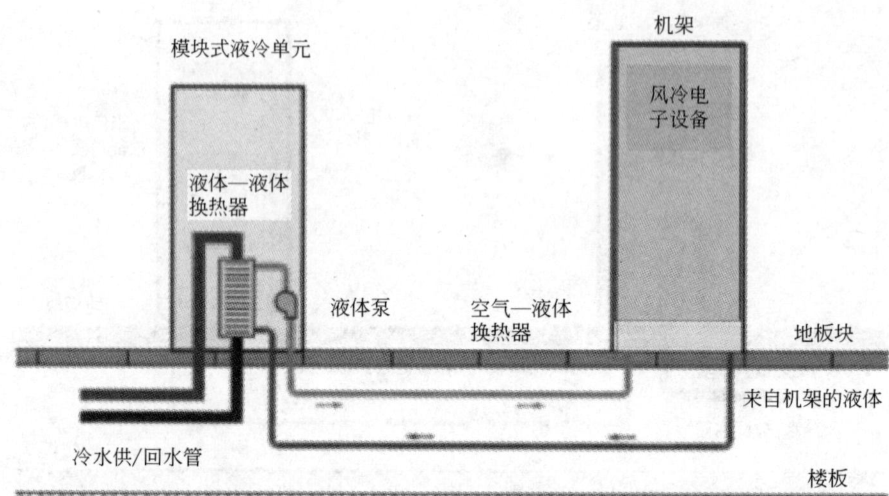

图 6.6 机架混合冷却系统——机架级液冷回路延伸为外置模块式冷却单元与机架部件风冷

或压缩机迫使冷却剂流经系统。在冷却回路中，每种方案都有阀门、传感器、换热器以及控制逻辑等一定程度的组合。

在系统优先考虑的内容一旦确定后，接着就是选择“最好”的方案。以下介绍三种主要方案的相对优点或权衡内容。

6.4 冷却液体

6.4.1 非导电液体

非导电液体呈现的特性是在数据处理应用中要成为很好的传热介质。首先是具有直接接触电子设备的能力(避免一些中间换热步骤)；能传递很大的热负荷(通过蒸发冷却的方法)。该项技术有密封性问题、金属兼容性问题和运行严密性容度问题。此外，还不应将非导电液体与 CFCs 相混淆，CFCs 受到了环境问题的关注。

由非导电液体排走的热量既可通过液体—空气换热器(见图 6.1)排出，或排到一个非导电液体—水换热器(见图 6.2～图 6.6)内，在那里再由来自集中站房的冷水将热量带走。对于高密度热负荷和系统热负荷很大的场合，用液体来传热是产品设计和设备买方要求的最佳设计点。选择非导电液体冷却策略有以下几个原因：

- 转换热损失较小(热负荷与最终热汇之间的转换级数较少)。传热途径可以是电子回路—非导电液体—集中站房的冷水。
- 非导电液体的传热量与空气相比，是空气的几个数量级。
- 对声学上的担心最小。
- 尺寸较紧凑。

6.4.2 水

ASHRAE新的热指南(ASHRAE 2009)指出，1级环境的最高露点温度为63℉(17℃)。对于此要求，为了避免对结露的担心，逻辑设计点是向电子设备提供温度高于63℉(17℃)的冷水。

由该冷水排走的热量既可通过水—空气换热器(见图6.1)排出，也可排到一个水—水换热器内(见图6.2～图6.6)，在那里再由来自集中站房的冷水将热量带走。对于高密度热负荷和系统热负荷很大的场合，用水来传热是产品设计和设备买方要求的最佳设计点。选择水冷策略有以下几个原因：

- 转换热损失较小(热负荷与最终热汇之间的转换级数较少)。传热途径可以是电子回路—部件接口—水—集中站房的冷水。
- 与非导电液体和空气相比，水的传热量分别为非导电液体和空气的数倍和几个数量级。
- 对声学上的担心最小。
- 较风冷和非导电液体冷却更紧凑。

6.4.3 制冷剂

制冷剂可用于泵送回路或蒸气压缩循环中，采用制冷剂的优点类同于采用非导电液体，它可与电子设备接触，而不使电子设备短路。

在大多数情况下，制冷剂要求液体管路用铜管或波纹接管代替橡胶接管，以限制制冷剂随时间而流失。当采用泵送回路的方法时，制冷剂处于低压状态通过蒸发器，液体蒸发或进入两相流动状态，然后再经过冷凝器，重新开始一个循环。如要求的温度较环境温度低，则可能需采用蒸气压缩循环。

设备买方将采用制冷剂的系统视为“干液体”，因为在系统运行时，就是发生了制冷剂渗漏，也不会损坏电子设备，不会使电子设备发生故障。

因此，它也许被设备买方作为优先采用的冷却剂，甚至视为比用水那样的“湿液”冷却更需要的冷却方法。对基于制冷剂冷却的方法，应考虑环境问题和对灭火系统影响的可能性。

6.5 可靠性

系统的可靠性非常重要。系统故障造成的潜在费用不如使系统、容量与/或部件有冗余合算。设计者应能识别系统中断后会影响重要数据处理的潜在故障点，同时应提供冗余系统或备份系统。

对于空气处理设备，可能需要以交叉连接的冷水或制冷设备作为备份。管道系统与部件配置策略必须进行规划，以获得所需级别的可靠性或可利用性。这不仅适用于冷水系统，也适用于任何液冷系统。用制冷满足冗余要求可能是需要的，冗余度取决于计算机设备的重要性。在许多情况下，计算机房空调系统有备用电源是合理的。

冷却系统像电气系统同样重要，故必须有计划地使其在断电时能继续运行。特别是对于高密度负荷的情况，在发电机正在启动期间，电力正在输送和冷却系统重新启动期间，设备温度会很快地超过运行极限值。

为了在断电期间使冷却系统连续运行，某些冷却设备需要由不间断电源(UPS)提供电力，而其他设备需等待应急发电机满负荷运行。另一种措施也许是利用备用的储液设备。如果用的是冷水，则可利用水蓄冷罐提供足够的冷量，直到整个冷却系统全部恢复运行时为止。如果有冷却塔或有需要补给水的设备配置时，应以此为前提考虑有足够的储水量。这类措施是为了防止现场缺水。

补给水储存的典型策略类同于发电机组燃料储存(例如 24h，48h，72h 或更长时间的储存量)，这会导致需要多个很大的储罐，取决于系统的规模。它对现场的布局是有影响的，如未经规划，可能是一个问题。

如前所述，电子设备附近有水时常会引起担心。然而，液冷已经有效地在主机架环境中应用了多年。正如与任何其他设计工况或其他设计参数一样，液冷需要有效规划才能实现，并获得所要求的可靠性。

有关可利用性与可靠性的更多信息见第 13 章。

第 2 部分
其　他　考　虑

第 7 章
辅助房间

在数据通信设施内，为了存放部件、材料和支持性设备，为了数据通信设备的运行与维护，必须对房间进行分配。有些辅助房间也可能需要有与数据通信设备相类似的环境条件，而另外有一些辅助房间可能没有那么严格的要求。部件与材料储存区常要求与数据通信设备相似的环境条件，支持性设备区的环境要求通常不严格，但它们的连续运行对数据通信设施具有正常功能常很重要。

7.1 配电设备

配电设备一般比数据通信设备允许有较大的温度与湿度变化范围。这类设备有：进线维护/配电开关、配电盘、自动输电开关、配电箱与变压器。图 7.1 表示了数据通信设备内电力输配设备配置典型的方框图。对制造商的数据应进行核对，以确定设备散热量和满意运行的设计工况。此外，还应核对建筑、电气、消防规范，以明确设备何时须加围护，防止未经授权的人员进入，或将它放在单独的房间内。

不间断电源(UPS)：不间断电源有各种不同的配置，但通常用电池作蓄能介质。它们通常是提供中央电力母线的冗余量，一般在小于满负载容量的工况下连续运行。UPS 房间的空调必须有足够的冗余量和参差度，在整个应急或事故过程中能提供可运行的系统。负载与散热量之间的关系一般为非线性的，因此需与设备销售商一起予以验证，以正确地选择 HVAC 系统。

UPS 电力监视与调节(整流器与变频器)设备通常是主要的散热源。该设备一般自带冷却风机。风机从地板处或设备前面进风，然后在设备上方排出被加热的空气。空气分布系统的设计应考虑 UPS 设备的进风与排风位置。排热量与设备的效率有关，所以，通过选择 UPS 设备在部分负载与满负载时都有很高的效率，则冷却负荷可减至最小。

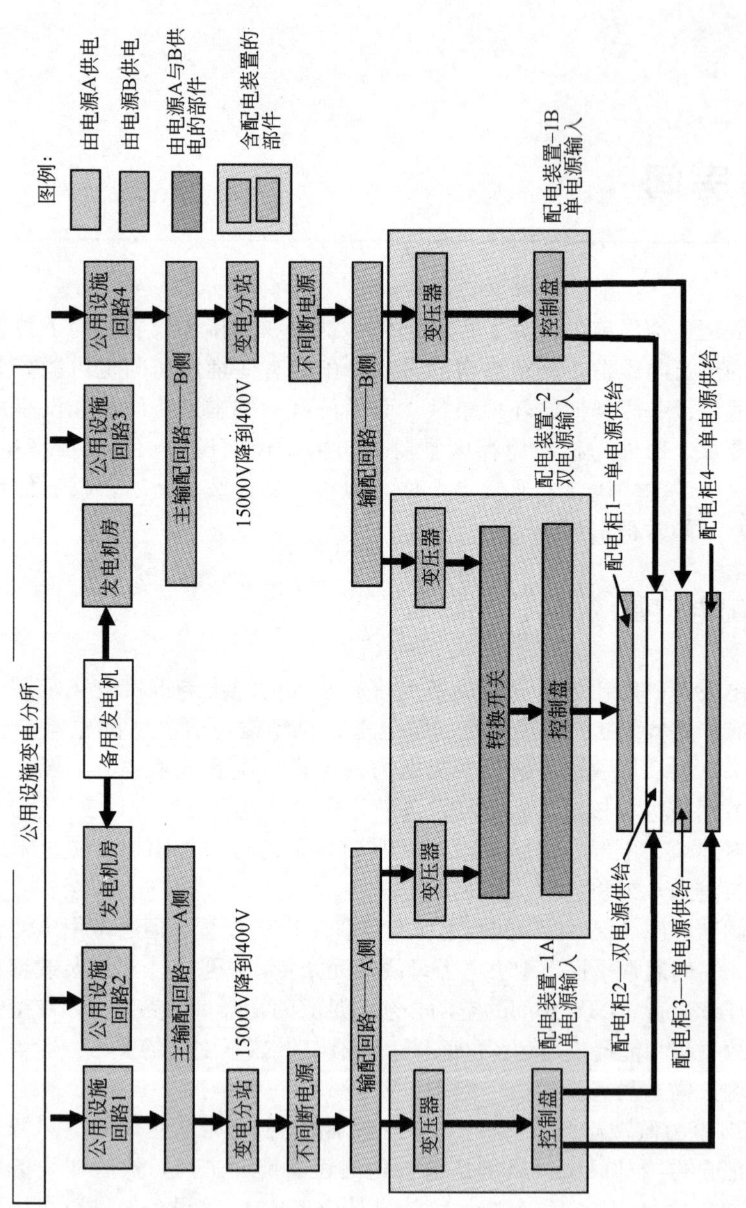

图 7.1 电力输配设备典型方框图

7.2 电池站房

7.2.1 二次电池站房

作为暂时性备用电源的二次电池装置的安装一般应符合 NFPA 70 Article 480 “蓄电池(NFPA 2002d)” 的要求。另一种好的做法是与当地建筑部门和消防部门的官员一起按当地的安装要求进行验证。其他有关的指南有：NFPA 70E, “Standard for Electrical Safety in the workplace(NFPA 2004)” 和 NFPA 76, “Recommended Practice for the Fire Protection of Telecommunications Facilities(NFPA 2002f)”。

本节中二次电池装置余下的问题是关于数据通信设施中所用电池装置的安装，它的电压为 24V 或 48VDC，装置的蓄电容量为 1 小时级，远超过 10Ah。

电池装置按规范要求一般应予以围护，以防未被授权的人员进入。这些装置通常有暴露的导电体、连接器和端子，而且电池自身含有害的化学物质。必要的围护可由电池柜、笼、围护隔断，或墙、拱顶组成。它并非必须与其他设备隔开。在数据通信中，电池装置一般位于数据通信设备房之外。随着数据通信设备的重要性在增加，电池装置通常也相应地与其他设备相隔开。

电池装置应有温度受控的环境。在北美，77℉(25℃)的环境与世界其他地方 68℉(20℃)的环境，是电池放电容量和预期寿命额定工况的标准(IEEE 2005)，这就导致电池的优化设计要考虑在这些温度下运行。在较低温度下运行的电池，其放电容量较小，期望寿命较长。若在较高温度下运行则情况相反。电池装置一般是按标准温度选择规格的。

电池在正常运行时，仅保持着一个浮动电压，从电池中散到房间内的热量可忽略不计。在放电、充电或平衡等非正常过程中，电池散到房间内的热量仍然是很小的。

在计算冷负荷时，通常不计电池散出的热量。

当电池装置与其他散热设备处于同一房间内时，则其他设备所用的冷却系统一般也要为电池装置提供能满足要求的温度受控环境。

当电池装置与其他所有散热设备隔开时，则必须有电池要求的供热与冷却手段。可采用的手段有以下几种中的任意一种：

- 按围护结构与照明负荷选用的专用供冷机组。
- 在集中供冷系统中分出一根变风量小支管。
- 用机械系统从邻近房间引入空气。

在非正常的事件中，如不正常的电池充电器充电过量，从电池中会释放出大量的热能。在此情况下，潜在能量受限于电池充电器的容量。该能量将在电池电解液中的水分子电解成氢气与氧气时和在电池中的其他化学反应时被消耗。剩余的能量便转化为热能。有关两者的比例问题已超出了本书讨论的范围。

真正的温度设定值应考虑围护电池所用的方法。在确定温度设定值之前，应向电力装置设计者咨询。

当电池装置被实质性隔离时，最好的做法是提供一个报警区。在连续被监测的位置出现温度过高或过低时，就可发出报警。

“氢分子是小而轻的，这意味着它易漫布，但只要使小量空气流动，就可防止它积聚(IEEE 2005)”。然而，根据 NFPA 规范，电池装置必须通风，以排除热量和游离状态的氢气。通风系统的设计主要取决于电池的形式、电池所在位置以及它们是如何被封围的。

7.2.2 通风的铅-酸电池(Vented Lead-Acid(VLA)Batteries)

除前面列出的标准外，VLA 电池必须按照 IEEE Standard 484，“Recommended Practice for Installation Design and Installation of Vented Lead-Acid Storage batteries for Stationary Applications(IEEE 2002a)” 的要求和以下要求进行安装：

当 VLA 电池在一个独立的房间内时，不论它是被封围在一个电池柜内或敞开在室内，房间通常须按照“电池间”的要求建造。

当 VLA 电池占用有连续通风的全室内的一小部分空间时，而且可以断定，全室内的空气循环与通风能足以限制电池中游离出的氢气在全室内的浓度不超过 1%，则不需要设专用的电池通风系统。判断全室是否有足够通风的一些方法如下：

- 全室通风系统有：

连续最小新风量(cfm)>1(cfm/ft^2)×电池装置基底面积(ft^2)×2。

- 由集中通风系统服务的、容纳电池装置的每个房间，能从集中系统获得的连续送风量为：

送入房间的风量(cfm)>1(cfm/ft^2)×电池装置基底总面积(ft^2)×2×

通风系统总风量/连续最小新风量。

当某一区域被断定有足够的通风时，应尽力设置好通风系统的回风口或排风口位置，使过量的回风或排风抽自电池装置区，以营造室内空气从室内敞开区域向电池装置区域的整体流动。这就要求控制烟羽、气体或电解液雾气扩散到房间内的其他区域。

7.2.3 阀门调节的铅-酸电池(Valve Regulated Lead-Acid(VRLA)Batteries)

VRLA电池有许多不同的形式，如吸收式电解液、胶凝电解液和其他形式。

除前面列出的标准外，VRLA电池装置必须按照IEEE Standard 1187，“IEEEE Recommended Practice for Installation Design and Installation of Valve-Regulated Lead-Acid Storage batteries for Stationary Applications (IEEE 2002b)”的要求和以下要求进行安装：

当VRLA电池在一个独立的房间内时，不论是被封围在一个电池柜内还是敞开在室内，房间通常须按照“电池间”的要求建造。

当VRLA电池占用有连续通风的全室内的一小部分空间时，而且可以断定，全室内的空气循环与通风能足以限制电池中游离出的氢气在全室内的浓度不超过1%，则不需要设专用的电池通风系统。判断全室是否有足够通风的一些方法如下：

• 全室通风系统有：

连续最小新风量(cfm)>1(cfm/ft^2)×电池装置基底面积(ft^2)×2。

• 由集中通风系统服务的、容纳电池的每个房间，能从集中系统获得的连续通风量为：

送入房间的风量(cfm)>1(cfm/ft^2)×电池装置基底总面积(ft^2)×2×通风系统总风量/连续最小新风量。

当某一区域被断定有足够的通风时，应尽力设置好通风系统的回风口或排风口位置，使过量的回风或排风抽自电池装置区，以营造室内空气从室内的敞开区域向电池装置区域的整体流动。这就要求控制烟羽、气体或电解液雾气扩散到房间内的其他区域。

7.2.4 电池间

NFPA 70E，“Standard for Electric Safety in the Workplace(NFPA 2004)”

与 NFPA 76，“Recommended Practice for the Fire Protection of Telecommunications Facilities(NFPA 2002f)”，为建造电池间提供了很好的指南。

根据 NFPA 规范，电池间必须有通风系统，以排除游离的氢气。通风系统普遍采用强制排风，排风量为 1cfm/ft^2。除非氢气探测器与通风系统启动结合在一起，在探测器探到有氢气时系统就启动，否则系统需连续运行。

NFPA 规范要求电池间相对于邻室保持负压，并将排风排至室外，以防烟羽、气体或电解液雾气扩散到其他区域。

被抽的补充空气通常用于邻近区域，如果邻室温度合适，便不需要为电池间设一个独立的 HVAC 系统。

随着数据通信设施的重要性在增加，通常会采用更完善的技术来减小氢气形成带来的危害性。其中一些措施如下：

- 冗余的通风/排风系统；
- 风机故障报警；
- 用氢气探测器触发备用通风系统或触发报警；
- 采用防爆设备(防爆电动机、开关)；
- 通风用的风机配不产生火花的叶轮；
- 控制器定期演练通风系统。

7.3 发动机/发电机间

用作一次电源或应急电源的发动机驱动的发电机，在运行时需要很大的通风量。如果能避免低温环境，该设备是较容易启动的。在气候很冷时，利用气缸体加热器，常能减少低温启动问题。气缸体加热器的控制应仔细设计，以减小能耗与过热。设计也应确保排风不回流到建筑物的进风口。

弹簧复位的电动风门常用在进风口和排风口。当风门驱动器有电时，风门保持常闭。与楼宇系统(BMS)不同，风门驱动器的信号来自发电机的电气装置。

在对噪声有要求的场所，发动机/发电机房应采取措施，以满足适合的 OSHA 规范与指南(OSHA 1996)。如果发动机/发电机间贴邻噪声敏感的专属区，则也需要对进风口/排风口采取措施。

7.4 开机间与试验室

许多数据通信设施中有一个专用区域，供数据通信设备在调配至生产环境中之前进行组装、配置和测试。这些区域可用于测试设备的电源、双电源性能、电力拖动实况、冷却要求，以及设备的应用测试(硬件与软件功能)。

为了方便，推荐这些区域邻近生产区域，但电源、供冷与消防系统应独立，以免在发生电力与消防系统故障时影响生产环境。

7.5 数据通信设备备件

设备备件区域或房间应保持与数据通信设备房相同的环境条件。备件是最常更换的电子部件。这些部件常有暴露着的电子触点，在处置时特别容易受到静电放电的损坏。为了设备维护，技术人员可能会即刻需要使用某一部件，所以房间温度应与运行着的数据中心的温度相同。本套丛书的另外一本——“Thermal Guidelines for Data Processing Equipments (ASHRAE 2009)”中提供了“失电产品”的允许温度要求，其中包括了备件间的环境要求。

7.6 储藏室

像纸张、磁带等产品的储藏室一般要求与数据通信房间相似的环境条件。这些产品的伸长、收缩或形状随温度/湿度状况而变化，它们会影响裕度精密的机械装置(如馈纸器和磁带驱动)的性能。

第 8 章 污染

8.1 引言

数据处理设备中心中空气携带的污染物对信息技术(IT)设备的可靠性与可利用性是一种潜在的威胁。由空气携带的、可沉降的污染物，即本章中称的“污染物”的量、分布和浓度因许多因素而变化。它包括(但不局限于)地理位置、气候、季节、室外污染物的量级、人群的影响、建筑物的渗透体系与体系的维护，以及数据处理中心所用的材料等。在过去几年中，数据处理中心中的“锌须”已被人们逐渐知晓，而且有了广泛的研究。有关数据通信环境中的污染、控制和检测也有许多论文。为了更好地理解和确定数据通信设备的安装环境，IEC 与 Telcordia 公布了设备环境污染的标准。这些标准写得很好，但并不能直接满足数据处理中心的要求。IEC 60721—3—3(IEC 2002)标准是对直接影响设备性能的环境参数与条件予以分类与规定。GR—63—CORE(Telcordia 2002)标准中有一节是针对空气携带的污染物，它提供了数据通信设施中所用设备的污染分类、污染量级、污染量级检测、测试方法和设备风扇过滤器的标准。有一些数据通信设备制造商已颁布了自己设备的防污染指南，但总的趋势是要使硬件在被认为是典型的设备环境中更加耐用。为了数据通信设备最大的可靠性和可利用性，被普遍接受的观点是：数据通信设备必须安装在满足某些防污染指南要求的数据处理设备环境中。以下几节将讨论污染分类、行业规定的污染限值、减少污染的设计与做法。

在“Thermal Guidelines for Data Processing Environments(ASHRAE 2009)”中，列出了从 1 级(高端数据中心)到 4 级(销售点或不重要的工业环境)四类环境要求。本章将重点放在 1 级环境要求，但有关 2、3、4 级的信息对读者也是有益的。

8.2 污染类别

数据处理中心中容纳了依赖于运行环境条件的重要商务数据通信设备。使设备良好运行的规划考虑内容通常有：电力、空调、消防、报警和冗余性，同样重要的是污染对数据通信设备的有害影响。污染通常是通过侵入设备，以环境来干扰设备之间的相互配合而导致设备发生故障。通信技术设备中的电气、机械、化学、材料、绝热和热力等故障都可能归因于污染。

在本节中，总体上将污染物归纳为三大类：

- 气体；
- 固体；
- 液体。

本节中的信息可作为数据处理中心中识别典型污染源及其对数据通信设备潜在影响的手段。在数据处理中心，虽然同时存在着许多污染的组团，但在此仍对每类污染单独进行讨论。

8.2.1 气体

为了使人员有合适的使用环境，气体性污染物一般由空调控制得很好。提供以下信息并不是要求设施的规划者或设计者去实施一个气体监控计划，而是要他们得到知识。

腐蚀性化合物和挥发性有机物是气体污染物中的两大类。腐蚀是一个复杂的电化学过程，它发生在基金属、来自金属的腐蚀产物如水这类表面电解液、以及大气中的氧气结合在一起时(Jones 1992)。腐蚀常依赖于一定程度的水汽存在。当空气温度与相对湿度很高、大气中的化合物达到一定浓度时，在敏感的金属(如铜与银)的表面就会发生腐蚀。腐蚀后的产物可能会产生电桥或引起回路短路、间隙漏电，极端情况下会发生断路。

室内环境中的腐蚀绝大多数是由一些化合物或一些化合物的组合所引起的。然而，事实上在室内环境中有上百种一般不能被发现的腐蚀性化合物。表 8.1 列出了室内数据处理环境中最常见的、量大的、有腐蚀性的化合物，这些化合物的呈现在极大程度上取决于用来排除它们的控制器的所在位置。

表 8.1 中的腐蚀性化合物广泛应用于工业上，有些情况下它们是燃烧的产物。这些化合物非常活泼，易与金属表面直接结合，或在结合是腐蚀主因的场合下与中间产物结合。

腐蚀性气体特性 表8.1

腐蚀性物质与其分子式	物理特性	典型的腐蚀引发物	典型的工业源
二氧化硫 SO_2	无色气体，有令人不快的刺激性臭味	与水反应生成强腐蚀性硫酸	矿物性燃料燃烧与有机废弃物焚烧的产物。在纸张、纤维、食品防腐、消毒剂和精炼过程中也有
硫化氢 H_2S	无色气体，臭鸡蛋气味	产生金属硫化物	化学合成中的中间体
氯 Cl	黄绿色气体，刺鼻，令人不快的窒息性气味	非常活泼，产生腐蚀性金属盐，除碳和惰性气体外，能与所有其他元素结合	在化学合成、漂白和作为氧化剂时有广泛用途
氯化氢 HCl	无色、腐蚀性气体，有刺鼻性气味，在空气中产生烟雾	快速溶解于水，并产生反应形成盐酸。腐蚀产物有氯化铜与其他金属盐	氯与HCl是煤与焚烧炉燃烧产物的副产品，广泛用于化学合成、聚合物、橡胶和药物中
二氧化氮 NO_2	棕红色气体，有窒息性气味	非常活泼，与水反应形成酸，腐蚀电子材料，形成强腐蚀性的硝酸	用于化学合成和爆炸物中，它是能源生产和汽车中的燃烧产物
臭氧 O_3	浓度很小时令人具有舒适感	是氧中最活泼的形式，在烟雾中可发现它	是水、空气的消毒剂，纺织品、石蜡、油脂品的漂白剂
氨 NH_3	无色，碱性腐蚀性气体，有刺激性气味	易溶解于水，并易与酸性气体结合形成腐蚀性盐	制冷、化肥、合成纤维和塑料，广泛用于化学合成

除了腐蚀性化合物外，在数据处理中心环境中也许有挥发性有机物(VOCs)。VOCs是一种基于碳的有机化合物，它存在于或来自有生命的活体(EPA 1990)，能在室温与标准大气压下蒸发。虽然VOCs对机械开关设备很有问题，但数据通信设备却很耐VOCs(Reagor 1985)。在普通空气中，VOCs的数量是异常地多。

8.2.2 固体

固体粒子污染也称“颗粒物”污染，它以各种浓度、粒径分布和组合而存在。颗粒物污染源包括(但不局限于)：尘埃、污物、纤绒、头发、皮屑、烟灰、粉尘、胡须末、金属末以及残渣等。一个坐着不行动的人，甚至会产生100000个粒子/(ft^3 · min)(Griner 1994)，虽然这些粒子中的大多数并非绝对威胁着数据通信设备。

颗粒物污染一般呈现以下一种或多种特性：磨损性、吸湿性、腐蚀性、导电性或较低的热效率。这些特性导致数据通信设备的可靠性降低。磨损性颗粒使磨损增加，引起侵入性腐蚀(van Dijk 1994)。吸湿性颗粒主要由硫酸盐与硝酸盐尘埃组成。硫酸盐与硝酸盐是水溶性盐，它们在 Telcordia GR—63—CORE 中受到特别关注，并对此进行了讨论。水溶性盐对湿气有亲和性，在高湿环境中会随着时间产生浮动接触电阻、电桥或短路现象。大多数(但不是全部)的水溶性盐，来自电回路板上的残留污染物，而不是来自外部源。腐蚀性颗粒物会产生电桥或短路故障。随着腐蚀性颗粒物的积聚和数据通信设备在高湿环境中运行，它还会连接电路板点阵和迹线。不管室内温度与湿度条件如何，导电性颗粒物也可能是相邻两个导电体形成电桥和短路的原因。导电颗粒多半的候选者是会挪动、被抛放到气流中、但不会很快停留在表面上的金属(锡与锌)须。在以下一些区域，颗粒物污染对数据通信设备是致命的。

- **进风过滤器** 如采用进风过滤器，通常有大的孔隙，于是最大的颗粒物污染是一个问题。即使孔隙很大，当较大的纤维被阻挡在表面上形成能捕捉其他物体的缠绕网时，就能形成尘团(Moore 2003)。颗粒物在过滤器上积聚，增加了空气的流动阻力，使热效率降低，或者说只有较少的冷空气能到达设备内部的部件和装置处。有些数据通信设备有热保护回路，它能测出过热工况，并提供报警，或在故障发生前停机。

- **内部热汇** 电子装置上有翅片热汇，它对随着时间会堵塞翅片结构的颗粒物是非常敏感的。颗粒积聚将降低传热效率，造成设备过热，这种现象被称为“热污垢”(Montgomery 2002)。污垢也会影响电力供应、气流循环通路中的底盘孔口和内表面。沉积的颗粒物覆盖在部件和装置上从而减弱了对流换热。

- **电连接器** 颗粒物可能会被吸入触点区域引起电器故障。然而，大多数接触器有模制外壳，就不可能积聚颗粒。过多地插入、拔出输入/输出适配器或其他有插头、插座的互接器，会从周围环境中或磨损处引入颗粒物。

- **可移动介体** 颗粒物污染会潜在地损坏硬盘的读/写磁头。目前，由于硬盘读/写磁头和存储母板基本上是密封的，故因颗粒物污染而损坏的可能性已经减小。但颗粒物污染对有激光或磁性读/写头的光驱动器或磁带装置仍然是一个问题，因为介体的有形插入会从周围环境中引入颗粒物。

对于在进风和排风位置周围的数据通信设备的表面，应定期检查颗粒物的积聚情况。

8.2.3　液体

在数据处理中心中，虽然其他潜在的水污染源有加湿器、凝结水(水蒸汽冷凝成水)和基于水的灭火系统，但值得关注的污染源是冷水型计算机房空调器所用的水。像水这样的液体一般是最好的导电体，它会在电力电缆的互接处、通信电缆的互接处以及安装在设备内的所有电子部件、装置和子系统处引起短路故障。在普通水中，可以发现许多污染物，它包括(但不局限于)：溶解的矿物质、细菌、二氧化硅等。如果在空调与加湿工艺中进行水处理，则必须按专家的忠告和咨询意见行事。处理不当或不处理的水会引起不需要的空气携带的污染物。液体的蒸气与雾气也会将腐蚀性化学物质带入数据通信设备内，例如沿海地区的盐雾和悬浮的清洁液等。

提供气体、液体与固体污染的信息是为了使读者对数据通信设备的污染源和潜在影响有一个基本概念。一定浓度与形式的污染会影响和弱化数据通信设备的性能，这已被行业认为是准则，各企业已联合制定了污染物的限值和测试方法。下节将介绍污染物的限值和由来。

8.3　数据通信设备间内行业确定的污染物限值与测试方法

表8.2汇总了IEC与Telcordia标准中有关腐蚀性气体和挥发性有机物的释放限值。电信行业协会也制订了许多类似的污染物的限值(TIA 2004)。

腐蚀性气体与挥发性有机物的行业限值　　表8.2

气体	分子式	IEC 60721—3—3	Telcordia GR—63—CORE
氨气	NH_3	0.3mg/m^3　430ppb	0.348mg/m^3　500ppb
氯	CL_2	0.1mg/m^3　34ppb	0.014mg/m^3　5ppb
氯化氢	HCL	0.1mg/m^3　67ppb	0.007mg/m^3　5ppb
硫化氢	H_2S	0.01mg/m^3　7ppb	0.055mg/m^3　40ppb
臭氧	O_3	0.01mg/m^3　5ppb	0.245mg/m^3　125ppb
挥发性有机物	C_nH_n	无	5mg/m^3　1200ppb
二氧化硫	SO_2	0.1mg/m^3　38ppb	0.131 mg/m^3　50ppb

注：ppb=1/10^9；mg/m^3=毫克/米^3。

数据处理中心最适合属于IEC 60721—3—3类别组合中的IE 31组。根据标准，IE 31适用于有连续温度控制，有供热、供冷或加湿需保持所要环境条件的场所；所安装的产品可暴露于少许太阳辐射下，无受到生物攻击的危险性。安装在郊区或市区时，区域内应少有工业活动，少有尘埃、沙粒、振动与冲击轻微。该类别组合中含有气温、化学、生物和机械性作用(尘-沙)等一组参数。

用于电信设施的GB—63—COR中的限值是一个年平均值。它来自预先建立的模型，其条件是：采用效率(ASHRAE比色法效率)是10%的粒子过滤器；计算机房空调器(CRAC)的风机连续运行；送风中含10%时市区范围内的室外空气，90%回风。

表8.2并不针对人员区域，许多全国认可的机构与组织已在保护人员的基础上编写了行业可接受的指南。有关人员与腐蚀性气体和挥发性有机物的生理性关系的资料，可查阅ASHRAE Standard 62.1-2004；Ventilation for Acceptable Indoor Air Quality(ASHRAE 2004j)；Occupational health and Safety Administration(OSHA)；America Conference of Governmental Industrial Hygienists(ACGIH)，或National Institute for Occupational Safety and Health(NIOSH)。

对于固体粒子，有两种粒子污染基本测试方法：

(1) 计重/单位体积，典型单位：$\mu g/m^3$。

(2) 大于某一粒径的粒子数/单位体积，典型单位：粒子数/ft^3。

这两种测试方法之间无直接的相互关系，但大致上是相互“追踪”的。例如当计重法测得值较大时，则固体粒子数值也较大。洁净室建造商制定了100000级，10000级，100级等环境标准。这些数字级来自美国的“Federal Standard 209”，它的第一版在1963年，名为“Cleanroom and Work Station Requirements，Controlled Environments(洁净室与工作站受控环境要求)”，修订于1966年(209A)，1973年(209B)，1987年(209C)，1988年(209D)，1992年(209E)。在Federal Standard 201中，级数数字是指每立方英尺中粒径大于0.5μ的颗粒数。如果以单位体积中颗粒数来计量，则大多数数据处理中心的要求为100000级；有一些可能为20000级；极少数数据处理的环境要求会高于10000级。Federal 209E现已被国际标准化组织(ISO)的标准ISO 14644—1，Part 1“Classification of Air Cleanliness(空气净化分类)”(ISO 1999b)所代替。ISO 14644—2，Part 2“检测与监视规程”是用于验证持续符合ISO 14644—1(ISO 2000)的要求。

数据通信设备制造商并非总是规定数据处理中心中可接受的颗粒物污染的量级。有些制造商也许会提出过滤要求和颗粒类别要求来说明对颗粒物污染的控制。典型的过滤要求如下：

• 回风必须按照 ASHRAE Standard 52.1(ASHRAE 1992)的要求进行过滤，比色法效率为 40％。

• 新风的过滤效率必须≥99.97％。它需要采用满足 MIL-STD-282 要求的高效过滤器(HEPA—high efficiency particulate air)，HEPA 过滤器可除去 95％的以上的大多数颗粒物，包括小至 0.1～0.2μm 的颗粒。

有关过滤的内容将在“设施设计”一节中进一步讨论。

颗粒物分类要求一般是针对颗粒物污染，以单位体积中的重量来表示，典型的表示为 $\mu g/m^3$。例如在通信设备房内，GR—63—CORE 对室内固体颗粒物污染程度的要求见表 8.3。

通信设施颗粒物污染与浓度 **表 8.3**

污染物	浓度
空气携带的颗粒物(TSP-Dichot 15①)	$20\mu g/m^3$
粗颗粒物	$<10\mu g/m^3$
细颗粒物	$15\mu g/m^3$
水溶性盐	$10\mu g/m^3$最大一总值
硫酸盐	$10\mu g/m^3$
亚硝酸盐	$5\mu g/m^3$
总计	$55\mu g/m^3$

注：① TSP-Dichot 15＝采用 15μm 入口的叉状采样器来确定总悬浮颗粒。

表 8.3 中对颗粒物的要求相对严格些，这是基于有开关设施的通信中对颗粒物污染控制的经验。规定污染物量的信息技术硬件制造商对于污染物量的要求并不是很严格的。

在 GR—63—CORE(Telcordia 2002)中，提供了气体与吸湿性尘埃污染的测试方法与步骤。气体测试在很大程度上是基于 American Society for Testing and Material(美国测试与材料学会)(ASTM)、International Electrotechnical Commission(国际电气委员会)(IEC)与 Institute for Electrical and Electronic Engineers(电工与电子学会)(IEEE)的标准。GR—1274—CORE 是用于吸湿性尘埃测试的标准(Telcordia 1994)。

关于液体污染，无任何公布的限值。在数据处理中心，存在不受控制的离散性液体是不可接受的。

对于数据处理中心中用于或扩展为放置数据通信设备的预定工艺房间，标准与工艺组织已制定了污染物限值。尽管这些限值很重要，但主动地去监视是不必要的，除非硬件的故障频率不正常，在排除了电力、空调或有毛病的部件等引起的因素外，怀疑是污染的缘故。下节将讨论规划师与设计师为了减少数据处理中心的污染物而采取的方法和日常、有效的预防性措施。

8.4 设施设计——数据处理中心总体考虑

即使污染源很多，但仍然有许多可采取的预防性措施来减少对数据处理中心的潜在威胁。设施的规划师与设计师也有许多方案来减少数据处理中心的污染。

8.4.1 选址

数据处理中心的选址，同时识别内部、外部存在的危害是非常重要的考虑。邻近农艺、化工、生物、核能或制造工艺、仓库，邻近易发洪水、有活火山或其他大自然作用和邻近机场和飞机跑道的地域，都可能成为数据处理中心的风险。数据处理中心应实在地与始终有人使用的房间相隔离，它在建筑物内的位置应远离有潜在局部灾害之处。例如，在数据处理中心的上方有自助食堂或厕所，下方有锅炉房或车库，当发生事故或恐怖事件时，都会负面影响数据处理中心的污染物量级，但有时候高风险的位置也难以避免。

8.4.2 施工

一个新的数据处理中心在安装基础架构和信息设备前，常需要进行充的分清扫，以减少施工中产生的碎屑。然而，为了适应业主对增加数据处理的需求，环境会随之改造或扩展。施工材料与工艺对环境中可能出现的污染物量有极大的影响。内墙一般由石膏灰胶纸夹板或石膏灰泥板组成，它在安装过程(如抹灰、拍打、磨光)中会散发大量容易进入数据通信设备的尘埃与细粒。油漆与配制用的原料，特别是基于有机溶剂的，会释放出VOCs。VOCs的来源举不胜举，但典型的来源有建筑物的绝热材料、粘合剂、室内装饰物、塑料化合物、橡胶化合物与地毯等。

8.4.3 防火

数据通信中心的防火技术通常随保险提供者或主管部门(如消防队)的

要求而变化。许多数据处理中心采用某些碳氟化物类型的灭火剂，但有些设施采用水雾灭火系统。碳氟化物类灭火系统不会损坏数据通信设备，除非发生了与火有关的损坏，否则灭火后也无需做设备清洁工作。采用以水为基础的灭火系统被证明是一种良好的灭火方法，但水会影响数据通信设备的可靠性和可利用性。由于数据通信设备应符合产品安全机构的标准，它要求所设计的信息技术设备具有最少的自耗、自熄性材料(UL 2001a)，所以设施的规划师与设计师应采取措施，确保数据通信设备在火灾时不直接暴露于水。理想的是，不因为有风扇与风机这样的空气流动装置(air moving devices-AMDs)使水直接接触到数据通信设备，或进入数据通信设备内。如果指导数据处理中心的规范允许，也有主管部门(AHJ)的解释，则在数据通信设备之上应设遮盖物，以防水损坏设备，特别是在水雾灭火系统发生意外喷雾事故时。然而，即使有了防护性遮盖物，如果风扇在运行(如果电源未因应急电源的切断而被切断)，则仍然有可能使灭火液体渗入设备。

8.4.4 架空地板设计

大多数数据处理中心采用架空地板。采用架空地板是为了保护接至数据通信设备的电力与通信电缆不影响人在硬件附近行走，也减少了电缆磨损。架空地板也可以作为冷空气经穿孔地板送到数据通信设备的通道。气流自地板至吊平顶是利用了数据通信设备热排风的浮力。此外，架空地板也是静电释放控制的一部分。通过导电的底面与作为设施接地通路一部分的地板支撑杆和底座相接触，有可能成为一个信号面，将释放的电磁能与静电导向地面。架空地板块的导电底面一般是一块电镀金属板，此板可以成为一个称为金属须的金属屑粒源。这些金属须通常是锌(Zn)，但有时候也可能有锡(Sn)。如果金属须被挪动后又被架空地板下的冷气流携带，则悬浮的金属须有可能穿过穿孔板进入并停留在数据通信设备内，其后果是：在数据通信设备的供电电源中，使晶体管这样的部件产生电弧、电桥或短路。架空地板块、支撑杆、底座与地板下架具(如电缆架、滴水盘)的设计实践如下：

- 锻铝板适合做架空地板块及其结构。如果铝制部件的强度足以承受荷载，则锻铝合金也可用作立柱和撑杆。
- 镀锌(用热浸工艺将锌镀在钢材上，然后再进行热处理)钢件适用于架空地板结构。必须保证接地通路满足电气要求，有时需将接地片镀锌，以确保与地面有良好的电接触。设施的规划师与设计师应对不镀锌的情况加以留意，因为金属屑问题是很敏感的。

• 假定接地通路满足电气要求，不锈钢适用于作架空地板结构。

• 如无专家的具体建议，镀锌或镀锡的钢材不应采用，因为这些镀层材料是数据通信设备安装中的主要须屑源。

• 镀铝的钢材（将钢材沉浸在熔化铝的浴槽内进行镀铝）对可接受的架空地板安装来说太软，在搬移与重新放置架空地板块时会产生碎屑。

• 在金属板的底面，不应用导电漆作饰面材料。如果基底钢板对须屑增长很敏感，则导电漆是不能防止须屑的增长的。

• 应避免用搪锡的金属，锡屑会在电镀锡的表面上增长。

为了正确地选择架空地板块、支撑杆、基座和地板下的基架，应寻求专家的忠告与建议。

在数据处理中心，地毯是产生颗粒物与 VOCs 的污染源，所以在可能时应避免采用。松弛的地毯纤维很容易被空气携带，并在电气部件之间起着“桥梁”作用，也由于它的表面积/质量之比很大而易使过滤器堵塞。有些地毯也许含碳或其他导电纤维，以保持着静电释放要求。地毯中的材料也会释放各类有机的化学蒸气，其中有些对数据通信设备有害，但目前设计的大多数数据通信设备面对这些有机化学蒸气是相当耐用的。然而，设施的规划师与设计师在挑选地毯或橡胶垫时应征询专家的意见。

在选择合适的地面材料后，需要考虑穿孔地板块的位置。为了最大地输送冷空气，普遍的做法是按数据通信设备制造商的要求将穿孔地板块直接放在数据通信设备的前方或下面。但是，通过架空地板穿孔地板块的上升冷气流会借助空气流动装置从架空地板下或在架空地板上面携带颗粒物进入数据通信设备内。架空地板块处的出风速度越大，则携带较大数量与质量的污染物的倾向性就越大。如果制造商要求穿孔地板块直接置于数据通信设备的前方，则需另采取措施来应对地板下的污染源。例如底地板应密封，以防混凝土起尘，且要定期清洗，防止颗粒物积聚。

8.4.5 头部以上送风

吊平顶散流器送风一般用在无架空地板的环境下，它不应引入污染物。风管内的颗粒会下降，并通过空气流动装置被吸入数据通信设备内。如果不可能取消吊顶上安装的散流器，则这些散流器不应直接位于数据通信设备的上方。如果必须置送风散流器于信息设备的上方，则应考虑其他措施。

例如，空调风管不应与非服务于数据处理中心而服务于楼宇中其他区域的空调风管相接。如果与服务于楼宇的风管互接，将使交叉污染的机会非常高。此外，应在空调风管上提供检视孔，以方便清扫工作。在施工完成后设施投入运行前，必须彻底清扫风管。如果风管位于数据通信设备的上方，尤其要认真、定期地进行清洁。

8.4.6 吊平顶板

新安装的，或更换的吊平顶块应有不渗透性的表面。吊平顶中的原有吊平顶块应进行“颗粒物产生”测试，可以振动吊平顶块视其颗粒物的下降情况。很强的光线可用于检视这些颗粒物。虽然对于吊平顶块无公布的标准，但数据处理中心的规划师和设计师应坚持审查吊平顶的材料，并应接受振动测试无颗粒物产生的准则。良好的吊平顶格栅设计并采用表面涂乙烯的石膏板，可避免产生颗粒物。

8.4.7 温度与湿度控制

温度与湿度影响着数据处理中心设备的可靠性和腐蚀速率。精密的计算机房空调机组对数据通信设备非常重要，因为大多数数据通信设备是风冷的。空调的温度与湿度要求取决于按“Thermal Guidelines for Data Processing Environments(ASHRAE 2009)”标准确定的设备类别。温度控制对可靠性有影响。温度长时间持续过高将缩短晶体管与电容器的平均无故障时间(MTBF)；温度周期性变化造成材料胀、缩，会使接触器与钎焊连接点受到影响，且相对湿度也随之变化。过高的相对湿度会产生冷凝，如有腐蚀性化合物或VOCs，会加快设备腐蚀。相对湿度过低，会因静电释放而损坏设备。良好的温度与湿度控制应结合常设的监视装置，在数据处理中心的几个区域内实时记录温度与相对湿度，并注意偏差。

8.4.8 空气过滤

在数据处理中心，有必要进行一定程度的空气过滤。空气过滤进行在通过计算机房空调机组的循环空气中，进行在来自室外环境的补风中以及进行在一些数据通信设备中。目前使用的两个ASHRAE的过滤器标准是：Standard 52.1-1992(ASHRAE 1992)与Standard 52.2-1999(ASHRAE

1999)，它们在过滤器的集尘效率、压力降和容尘量的基础上对过滤器进行标定。标准 52.1-1992 是标定尘埃捕截率、比色法效率和容尘量。捕截率是计量过滤器捕捉粗颗粒质量百分数的能力；比色法效率是指捕捉一定粒径范围内颗粒物的能力。标准 52.2-1999 是标定颗粒物的粒径效率，以最小效率报告值在 1～20 之间来表示。表 8.4 表示了 ASHRAE 各标准的比较。

ASHRAE 52.1 与 52.2 标准比较 **表 8.4**

ASHRAE 52.2				ASHRAE 52.1		
MERV	3～10μm	1～3μm	0.3～1μm	捕截率	比色法	比色法
1	<20%	—	—	<65%	<20%	
2	<20%	—	—	65%～70%	<20%	>10μm
3	<20%	—	—	70%～75%	<20%	
4	<20%	—	—	>75%	<20%	
5	20%～35%	—	—	80%～85%	<20%	
6	35%～50%	—	—	>90%	<20%	3.0～10μm
7	50%～70%	—	—	>90%	20%～25%	
8	>70μm	—	—	>95%	25%～30%	
9	>85%	<50%	—	>95%	40%～45%	
10	>85%	50%～65%	—	>95%	50%～55%	1.0～3.0μm
11	>85%	65%～80%	—	>98%	60%～65%	
12	>90%	>80%	—	>98%	70%～75%	
13	>90%	>90%	<75%	>98%	80%～90%	
14	>90%	>90%	75%～85%	>98%	90%～95%	0.3～1.0μm
15	>90%	>90%	85%～95%	>98%	～95%	
16	>95%	>95%	>95%	>98%	>95%	
17*	>99%	>99%	>99%	—	>99%	
18*	>99%	>99%	>99%	—	>99%	0.3～1.0μm
19*	>99%	>99%	>99%	—	>99%	
20①	>99%	>99%	>99%	—	>99%	

注：①滤过性病毒与碳尘

用 ASHRAE 52.1 比色法标定，效率为 20%～30%的粒子过滤器是计算机房(CRAC)机组(Liebert 公司 2003)所普遍共有的。然而，在 CRAC 机组内部，由于风机皮带松弛或不对中，会产生未被 CRAC 机组过滤的含金属粒子。现在有特殊的皮带产品可以减少这一问题的产生。此外，采用变频拖动或电子整流电动机(EC motor)也能避免采用皮带，避免由此带来的污染。CRAC机组皮带拖动应精确对中，并经常进行检查。对于某些数据处理中心，也许需要更高效率的过滤器。在VOCs浓度很大的场合，可能需要用活性炭和基于高锰酸盐的过滤器使VOCs量降到可接受的程度。

空气过滤器总是阻碍通过空调系统和数据通信设备的空气流动。对于设计来说，重要的是要考虑到过滤器的阻力。对于过滤器，应定期进行检查、更换或清洗，以减少空气流动阻力。有些设备采用了以压差来表示过滤器何时需进行维护的主动报警装置，因为制造商确定的检视时间间隔由于环境状况的变化或恶化可能不会正确。GR—63—CORE标准中列出了数据通信设备，尤其是通信行业所配过滤器的最低捕尘效率为80%(ASHRAE比色法效率为10%～51%)的过滤器。数据处理中心要取得合适的风量和良好的设备性能取决于有恰当的过滤器及其维护。

8.4.9 正压

用室外空气获得房间正压可保持颗粒污染物从数据处理中心排出，并控制腐蚀性气体与VOCs(Krzyzanowski 1991)。即使典型商务场所和净化场所内的大多数设备有一定质量的环境空气，但进入数据处理中心的空气还是应进行调节、过滤，以确保它的温度、湿度与洁净度在数据通信设备要求的范围内。在有人员的数据处理中心内，补充新风也是规范的要求。典型的新风换气量在0.5～1.5次/h范围内。如果采用空气侧经济器，则可大一些。新风在进入数据处理中心前，通常需要最低等级的过滤。如果室外空气未经过滤，则数据处理中心会被存在的所有污染物实质性地污染。若室外空气污染严重，那么，这样的做法对数据通信设备是灾难性的。各地域的室外空气各有其污染特点。在合理地让补风进入数据处理中心保持正压，以减少颗粒物进入的同时，对新风补风设计也应像对空调那样谨慎。良好的补风系统设计必须使设备房保持正压，且维护工作量少、噪声低(Frank 1994)。

8.4.10 数据通信设备安装

包括电缆或其他部件加工等预安装活动，应在数据处理中心之外进行。通信或电力电缆的剪截与连接器的端接可扔弃绝缘纤维与金属削屑。支架结构的成形、适配，以及钻、锉、打磨、使用切削液(用油和化学剂)等都会增加环境中的气体、颗粒物与液体污染。

对于数据通信设备，虽然不一定要考虑其自身散发的污染物，但它还是有很小的污染。数据通信设备有化学物质散发量，包括 VOCs。它的化学物质散发率直接取决于产品制造所用的材料和溶剂、内部运行温度，或正常运行工况下产品中所用供应物或介质的化学性质。打印机、复印机、磁带介质可能是影响其他形式数据通信设备运行的污染源。材料与技术的发展或多或少地消除了对打印机、复印机、磁带介质的污染担心，但在设备规划时仍应注意。推荐的做法是：将打印机、复印机与磁带介质置于有单独空调的隔离区域内，以防交叉污染。如果数据处理房间大小有限，不能将打印机、复印机、磁带介质与其他设备相隔离，则也许需另作安排。打印机是纸与上色剂尘埃、硅油、铝颗粒和 VOCs 的来源。采用排风罩或其他方法也许能解决这个问题。但为了控制污染，还必须避免数据处理中心形成负压(Kizyzanowski 1991)。采用热灯丝技术的激光打印机是潜在的臭氧发生源，但它的产生量低于可接受的卫生限值。采用湿式与干式的各种复印机，各自有产生油碳颗粒和碳上色剂颗粒的危险性(Reager 1985)。磁带驱动也可能会产生被称为铁纤维或铁须等特殊类型的屑粒。这些富铁磁带介质纤维是铁质颗粒物，它们被包裹在氧化层内，然后被埋在纸带聚合体内，所以并不导电。这些纤维无毒性，对数据通信设备和人员不造成威胁。这些纤维一般长 5～10mm，直径为 2～3μm(120 微英寸)。

对直接冷却的机架围护，特别是密封的和采用封闭结构的机架，允许其与周围环境与污染物另行隔离。

8.4.11 运行策略

应对污染物的最有效方法是让它们离开数据处理中心。为了减少日常带入污染物的机会，数据处理中心中的各项活动应采用书面方式写下来。任何时候，数据处理中心都绝对不允许有食品或饮料。食品碎屑或溅出的液体会使数据通信设备蒙受危险。纸板箱与数据通信设备说明书应留在数据处理中心外的指定地点。纸张是颗粒物产生源，也是火灾时的燃烧物。数据通信设备在进入数据处理中心前，应寻找好设备开箱与开包的平台区。由设施的规划师与设计师指定一个平台区域供拆开数据通信设备包装与设备搬出、搬进用是很重要的。在数据处理中心入口处之外，应设黏性垫或黏性编织物，以除去来自鞋上的碎屑。通过经处理的补风保持房间正压，设置风淋室或前室，是减少污染物进入的可选方案。

架空地板和底层地板的清洁是使污染物受控的必要手段。然而，清洁工作只能由有资质、有经验的专业人员来做。专业公司利用技术和所设计的清扫设备不会将污染物引回到数据处理中心中，或干扰数据通信设备运行，但清扫存在着人为失误的风险。例如，连接不牢固的电力和网络接点可能会被意外弄断；锌须、锡须会在架空地板块移动时脱落；或灭火系统会意外触发。尽管推荐专业人员，但如果清扫工作必须由设施的人员来做，则所用的产品必须是抗静电、非腐蚀性，以及无气味、无残留物的。只有被数据处理中心认可的、带有真空吸尘装置的 HEPA 过滤器、扫帚和拖布才允许使用。

数据通信设备的清洁只能在数据通信设备制造商的指导下，采用规定的工具、技术和溶剂来完成。数据通信设备的清洁工作不是像办公室清扫那样的普通工作。

数据处理中心应采用液体探测方法在有水渗漏时报警。有些数据处理中心为计算机房空调机组的供、回水管做沟槽，在有水渗漏时水就流到沟槽内。数据通信设备的部件、装置、子系统和互接头不可在液体中沉浸一段时间。通常采用符合 IP67（International Electrotechnical Commission 2001）的防水型电连接器是防尘的，能对暂时浸没在 1m 水深、30min 内提供保护。

8.4.12 现场检查

在怀疑气体、颗粒与液体污染物或三者结合是造成数据通信设备故障的原因时，可以由专业人员进行环境审视与检查。现场监测与实验室分析能为潜在的污染源和排除其影响的正确措施提供答案。目前，有收集污染排除方法与技术的文献，但也有专门从事这方面工作的咨询公司与数据通信设备制造商（Krzyzanowski 1991；Osborne 1996）。

8.5 总结

潜在的污染源存在于各处，在任何建筑物、构筑物或包括数据处理的技术房间内也是不可避免的。如果考虑不周，以气体、固体与液体形式呈现的污染物也许有害于数据通信设备的健康运行。为了使人们了解，本章提供了有关气体、固体与液体污染的基本信息，以及由一些机构、组织制定的污染物限值和参考限值。即使已考虑了许多内容，但还应将策略置于适当的位置，以有效地减少污染的威胁。在数据处理中心设计和施工前，现场选址对将在数据处理中心长期运行的数据通信设备是非常重要的。在数据处理中心设计和施工阶段，从架空地板到吊平顶的每种材料选择，应考虑减少污染。对于房间正压、引入室外空气以及饰面，都应做出重要决策。架构设备的选择、安装与维护，以及数据通信设备的位置，都对数据处理中心一旦天天使用后保持长期清洁有重要影响。运行策略与方针必须清晰，并被所有人员了解，以使污染物排除在数据处理中心之外。预防威胁设备的污染物，对数据通信设备的可靠性与可利用性很重要。如果有理由相信，在数据处理中心有大量的气体、固体或液体污染物，则应寻求数据通信设备制造商或有资质的专业人员来确定污染物的类型，确定是否处于很高的浓度在损害数据通信设备。识别可能有的污染物和切实的排除方法应广泛地用于控制不希望有的数据处理中心污染。

第 9 章

噪声散发

9.1 声学

数据通信设备散发的噪声是数据通信设备自身产生的噪声和用来为设备提供空调的暖通空调设备产生的噪声的合成噪声。风冷数据通信设备的噪声级通常随功率密度和热负荷的增加而增加，因此这对数据通信设备规划人员和设备制造商同样是重要的事项。人员稠密区内的数据通信设备，运行时可能有超过 OSHA(职业安全与健康署)噪声限值的风险(除非为人员提供听力保护，否则会引起潜在的听力损害)，故应参照合适的 OSHA 规程和指南(OSHA 1996)进行处理。欧洲的职业噪声限值较 OSHA 稍严格，并在 EC Directive 2003/10/EC(European Council 2003—欧洲理事会 2003)中是强制性的。设备的噪声级可遵循 ASHRAE Fundamentals(ASHRAE 2005c)"Sound and Vibration(声音与振动)"章节中所述的方法进行计算。同时，也可能需要声学咨询，以适当预测来自多个声源和途径的声级，这在数据通信设备中是很通常的情况。

以往，数据通信设备中的噪声级也许不被数据中心的管理者或规划师特别重视，这至少存在着两个原因：第一，设置在楼面上的单个数据通信产品的噪声级并非明显地高；第二，过去的数据中心大多数被分隔在仅少数操作人员或服务人员进入，且停留时间相对较短的"后屋"区域。然而，近十多年来，对数据中心的规划人员和设备制造商来说，数据中心噪声超过标准已成为一个趋势性的重要问题。这种趋势包括：(1)能将越来越高性能的电子器件，如微处理器、存储器和逻辑控制器组合到越来越小的模块中；(2)能将越来越多这样的模块组装到标准尺寸的数据通信机架、机柜或框架内；(3)在可利用的楼面面积内期望安装尽可能多的机架、机柜和框架，常按"砖墙"那样沿楼面的长度和宽度排列；(4)于是需要更多的计算机房空调机组或其他冷却设备以保持数据通信设备运行；

(5)在某些公司中想自豪地向访客展示他们的高技术数据中心，或想在自己的数据中心区域内安排雇员和其他人员。第(1)和第(2)种趋势是由于每个数据通信机架自身的噪声级增加造成的。电子器件的紧密组合引起热负荷密度的巨大增加，随之需要更多的冷却风量通过每个机架模块和整个机架。数据通信设备中的主要噪声源是空气运动部件(风扇、风机、电动机驱动的叶轮)，且所需的风量越大，噪声也越大。第(3)种趋势是所安装的设备密度越大，问题就越复杂，这是因为不仅单台数据通信机架发出噪声，而且在楼面上有更多这样的机架。如果现在两台机架占据的空间与过去一台机架所占据的空间相同，则现在楼面上的人被暴露的噪声级将翻倍。如果现在每台机架发出的噪声是过去的两倍，则噪声级还将是两倍。

第(4)种趋势是安装在数据中心楼面上设备负荷密度增加的直接结果，也是数据中心内噪声级进一步增加的原因。计算机房空调机组的典型噪声级总是比数据通信设备机架的典型噪声级大许多。在过去，当也许只有几台这样的机组时，它们的间距较大，常位于楼面的远端或沿着楼面的周边设置。由于它们与楼面大量的数据通信设备相比数量较少，故其较大的噪声级并不成为一个重要因素。但如今，典型数据中心内空调机组的数量不但很多，而且被安装在整个楼面空间内。同样，造成的另一个后果是数据中心楼面上的雇员、访客和其他人员现在可能被暴露在比过去更高的噪声级中。

第(5)种趋势，即在数据中心内安排人员，这当然不会引起更高的噪声级，但会使数据中心噪声级这个问题变得更尖锐，需要更多的关注。显然，如果人员能完全与数据通信设施噪声隔离，这就没有问题。只有当人们实际暴露在噪声中时，才能成为问题，可能是安全与健康问题，或雇员的舒适性和劳动生产率等问题之一，具体说明于后。

9.2 ASHRAE 资源

本节并非要以任何技术深度处理数据中心的噪声或其控制问题，而是要对此问题予以广泛的审视。对于有兴趣的读者，ASHRAE Fundamentals (ASHRAE 2005c)中的“Sound and Vibration(声音与振动)”章节对一些声学和噪声控制的基础问题提供了很好的背景资料，可能对理解数据中心噪声及其控制有帮助。ASHRAE Handbook—HVAC Application(ASHRAE 2003e)中的“Sound and Vibration Control(声音与振动控制)”章节更实际地讨论了来自机械设备和暖通空调系统的噪声，并提供了一些有关噪声控制的指南。然而，这些章节既不专门涉及数据通信设备，也未涉及这些设备中常见的、类型特定的数据通信设备与空调机组。对于面对或可能会面对噪声超标问题的数据中心管理者或规划师，也许需要请有资质的声学咨询师来解决或改善这个问题。能找到一位合适咨询师的很好起点是利用“National Council of Acoustical Consultants（国家声学咨询师协会”网站（http：//www. ncac. com）。有关噪声控制工程领域以及许多有用的渠道和联系方面的综合信息，可在“Institute of Noise Control Engineering（噪声控制工程学会）”的网站（http：//www. inceusa. org）中找到。

9.3 噪声问题的三个方面：噪声源、途径和接收者

噪声源会向它所在的环境或房间散发一定量的声能。无论房间内是否有人接受（或听到）这种能量，或如果有人，则无论他们所处什么位置或离开声源有多远，该能量都是真实的。声音从声源发出后不管遇到了什么，或房间中有无其他散发声音的声源，该能量仍是真实的。因此，由噪声源散发出的声音可用于量化噪声源自身，这与随后的声音传递和接收无关。术语“散发”被应用于所有噪声问题。散发的声音可以用振幅、所含频率、短暂变化率和方向性进行表征。由一个声源散发的噪声的振幅用术语声功率级来量化，以分贝（dB）或贝尔（B）表示。

在声音从噪声源辐射出来后，它可能在途中被墙壁或其他障碍物反射；可能被反射的表面部分地吸收；也可能有部分穿透它所撞击的表面；还可能被途中的障碍物散射或向周围衍射。所有这些是声音传播的各种方式，每种传播方式不但取决于声音所含的频率，而且也取决于声音所撞击表面和障碍物的特性。故即使在最简单的房间内，要分析声音在周围反射时会发生什么是一项非常复杂的任务。

问题的第三个方面是声音的接收。声音通常由人接收，但在某些情况下由麦克风或其他录音装置接收。名词“immission（进入）”（发音为“eye-mission”）常用来说明这一状况，作为声源散发声音的补充。与声源散发声音相反，听者耳朵里进入的声音尤其取决于房间内的其他噪声源、听者在房间内的位置、房间的几何形状与表面特性，以及其他许多因素。听者所接收到的声音通常由其振幅、所含频率和短暂变化率来表征。与声源发出噪声相反，听者所接收到的噪声振幅以术语“声压级”来量化，用分贝（dB）表示。

从数据中心管理者和规划师的视角来看，最终的关注应集中在数据中心内的雇员、访客或其他人员被暴露在噪声中的情况——被暴露的噪声有多大、暴露的时间有多长、是否存在听力损坏的危险、噪声是如何干扰其工作或舒适性等。就这方面来说，数据通信设施中各处的声压级是主要兴趣所在，并应进行测量和监视。另一方面，房间内声压级的主要始作俑者是一个个单一的噪声源。因此，每个数据通信机架、每台房间空调机组和辅助设备的声功率级也应受到关注，并尽可能使之降低。单台设备的声功率级越低，房间内的声压级就越低。安装在数据中心内的设备的声功率级资料通常可以从产品制造商处获得。此外，噪声传播途径对于数据中心管理者来说也是一个重要问题。在墙或吊平顶上安装吸声材料、谨慎地设置消声屏和消声板，或针对人员工作区简单地重新排列设备，能很大地降低听者耳朵处的声压级(即使声源发出的声功率级保持相同)。

9.4 噪声对人的影响

噪声对人的影响有两种类型：听力(或生理性)影响和非听力(或非生理性)影响。听觉影响包括各种形式的听力损害。当耳朵处(噪声进入处)的噪声级非常高或在噪声中暴露很长一段时间时会出现听力损害。从雇员的角度来看，不论从雇员的健康角度，还是从法律诉讼、管理罚款和公众负面影响风险的角度看，潜在的听力损害是一个严重的问题。有关听力损害起因和防止的很好背景信息源是 National Institute for Occupational Safety and Health(国家职业安全与健康署)，网站是：http：//www. cdc. gov/noish/topics/noise/ 以及 World Health Organization(世界卫生组织)与它的指南和出版物(WHO 2004)。非听力影响包括烦恼、有压力、降低劳动生产率和专注程度。虽然它们不像听力损害那样严重，但由于降低了工作的满意度和积极性，这些“人为因素”对工作会产生负面影响。有关噪声非听力影响的一个很好的背景信息源可在 USEPA(1981)找到，网址是：http：//www. nonoise. org/library/handbook/handbook. htm/。还有一张能从 NASA 获得的资料性声频 CD 片，它说明了工作场所噪声过大的一些后果(Nelson 203)。就今天的数据通信设施而言，大多数因噪声过大而产生的抱怨问题属非听力影响范畴，尤其是引起的烦恼问题。然而，在某些大的数据中心内，数据通信机架成排地排列在整个地面上，并需要大量的空调机组供冷，其声压级可能高到会引起听力损害的程度(有关这方面的更多信息见后)。

9.5 噪声源的声功率级

很明显，在一个有数据通信设备的房间内，要降低声压级的最有效方法是降低单个声源的声功率级。"源噪声控制"一直是噪声控制问题的首选方法，任何噪声控制工程师或声学咨询师将以此为着手。此外，还应试图在噪声传播途径中进行处理(采用吸声、设置屏障等方法)。只是在最后求助时才应在噪声接收者处进行噪声控制考虑(配听力保护器、予以隔离、轮流换班等)。声功率级的定义如下：

$$L_W = 10\log(W/W_0)$$

式中 L_W——声功率级，分贝(dB)；

W——散发声功率，W；

W_0——参照声功率，国际认可为 $10^{-12}W$。

一个声源的声功率级不能被直接测量，它必须通过测定声源周围许多点的声压级值后予以确定，声源通常被设置在一个特殊的声学环境中，例如一个半消声室或混响房间内。一个声源辐射的声功率是频率的函数，工程师们通常在单个频率带内，例如1/3的倍频程来检测 L_W。然而，为了能用一个方便的单数值显示器来表征总声功率级(或声压级——就此事而论)，国际上认可几种标准化的"频率权重"。这些是频率响应特性或"曲线"，用于原始数据处理，这样，原始数据便可被归纳为频率，得出一个能代表总声级的单一数据。

"A加权"频率响应曲线是最通用的曲线，该曲线以接近于人耳对声音的反应对数据进行加权，总的是为了弱化人耳不敏感的低频声级(更多信息见ASHRAE 2005c)。为了表示A加权级，加下标A作为标记，即 L_{WA} 为A加权声功率级。产品的噪声散发级别说明和对公众"宣称"的噪声级用A加权声功率级这个术语来表述。为了清晰地区分声功率级和声压级(一个令人混淆的共同源)，前者通常以贝尔(B)表示，而不是用分贝(dB)表示。在信息技术行业中真是这样：IT产品的A加权声功率级以贝尔表示(注：声压级从不用贝尔表示，只以分贝表示)。

IT设备中产生声功率级的主要部件是用于供冷的空气流动装置(风扇、风机、电动驱动的叶轮)。空气流动装置的噪声与组合装置的热工设计密切有关，因为风扇和风机的声功率级取决于所需的风量、背压、空气流动装置的类型及运行工况点，尤其是入口处的详细工况(空气流动的均匀性、空气紊流吸入等)。一种用于数据通信设备设计的热-声相结合的方法很重要，幸运的是现在已很方便，因为很容易从制造商和供应商处获得空气流动装置的实际工程信息。

9.6 数据通信设备声功率级限值

安装在典型数据中心内的单个产品的噪声限值已由信息技术行业协会签署(http：//www. itic. org/)。此限值适用于不同环境中(数据处理区域是其中之一)范围很广的设备。噪声散发限值以A加权声功率级统计上限值给出(或"宣称"为A加权声功率级)，并在瑞典的"Statskontoret"规程上公布(见Sweden 2004)，网址：http；//www. statakontoret. se/upload/2619/TN26-6. pdf，成为全世界IT行业事实上的标准。选择噪声散发限值是为了确保应用环境中所引起的声压级不超过标准。例如一个基底面积 ≤1m^2、常用于数据处理区域的计算机机架或框架，宣称的A加权声功率级不应超过7. 5B。"宣称"值(不同于测定值、平均值)代表了声功率级统计上限值，大部分产品(此例中为93. 5%)所称的散发噪声级可很有把握地期望下降(此例中为95%)。有关噪声散发统计上限宣称值使用的更多信息见ISO 7574(ISO 1985)。信息技术行业已制定了产品噪声散发级别测定的国际标准测试规范：ISO 7779(ISO 1999a)、CEMA 74(CEMA 2003)和统一宣称和验证噪声散发级别的测试规范ISO 9296(ISO 1988)。由此看来，数据通信设施中已安装的，或计划安装的大多数IT设备散发的噪声级是可以从信息技术设备制造商处获得的。

遗憾的是，用于数据通信设施的冷水机组和其他空调机组的制造商并不像信息技术行业那样很积极地去关注噪声控制及行业测试规范的制定。因此，计算机房空调设备散发的噪声级通常高于(以等量楼面面积为基础)数据中心内所用的信息技术设备散发的噪声级。此外，如果缺少用于统一噪声宣称值的行业测试规范，要获得这些种类产品的声功率级资料是困难的。随着数据中心需冷量的增加和楼面上空调机组数量成比例地增加，期望这种状况在今后几年内得到改变。数据中心内总的噪声级可能受制于空调设备而不是信息技术设备，或许会对空调行业施加更大的压力去降低产品的噪声级。

9.7 房间内的声压级

存在于数据中心内任何点的声压级源于房间内所有噪声源的声能的累

加，它包括可能从头部以上暖通空调风管辐射出的噪声，以及通过穿孔地板块的地板供冷辐射噪声。正如以上所述，该声级不但受每个声源强度的影响，而且受地面上各产品的实际布置、房间内表面和房间内产品和其他物体表面的声能反射与声能吸收特性的影响。

房间内某点的声压级定义如下：

$$L_p = 10\log(p^2/p_0^2)$$

式中　L_p——声压级，分贝(dB)；

p——某点处声压的均方根，Pa；

p_0——参照声压，国际认同值为 20μPa。

与以上讨论的声功率级相反，声压级可以很容易地用声级计进行直接测量。声级计的类型和测量范围有许多，但基本的、相对便宜的声级计已足以让数据中心管理者或工业卫生专家获得房间内典型声压级有多大和问题可能出在什么地方。声压级也是声频率的函数，通常以频带如 1/3 倍频程进行测试。上述有关 A 加权曲线的解释也同样适用于声压级，最常检测和叙述的是 A 加权声压级 L_{pA}。

虽然安装在房间内声音接收者具体位置处的声压级与该房间内噪声源的声功率级有关，两者关系复杂且取决于诸多因素。这些因素包括声源的数量、每个声源的声功率的相对级差、每个声源到接收者的距离、每个声源的方向性、房间内墙壁、地板、吊平顶和障碍物的吸声特性、房间内设备和其他障碍物对声音的反射与散射情况。如果数据中心已经存在并在运行，则在房间内不同位置简单地测量声压级便不成问题。然而，如果打算进行很大的变动或正在规划一个新的数据中心，则多半需要声学咨询服务或采用商用软件包来预测声压级。在进行这样的预测时，也需要有单台数据通信设备的声功率级值，制造商应有自己产品的有关资料。然而，不管预测问题怎样复杂，但有一点很明确：房间内设备的声功率级越高，导致的声压级也越高。因此，一开始选择声功率级最低的数据通信设备或空调设备是低噪声数据中心规划时最谨慎的做法。

以下的简化公式可用于提供从声源的声功率级估算数据中心内某点的声压级。

$$L_p = L_W + 10\log_{10}\left(\frac{1}{2\pi r^2} + \frac{4}{R}\right)$$

式中　L_p——房间内声音接收者具体位置处的声压级(可以是 A 加权声压级，也可以是具体频段的声压级)；

L_W——声源的声功率级；

r——声源到接收者之间的距离；

R——空间的房间常数，$R=\alpha/(1-\alpha)$，式中 α 是房间内各表面，包括那些已装设备表面(典型数据可从文献中找到，例如 Harris [1994])的平均吸声系数。

实际上，房间内存在着许多声源，下式是考虑了这些因素后的修正公式：

$$L_{\mathrm{p}} = L_{\mathrm{W}} + 10\log_{10}\left[\sum_{i} 10^{0.1L_{\mathrm{wi}}}\left(\frac{1}{2\pi r_i^2} + \frac{4}{R}\right)\right]$$

式中 $L_{\mathrm{w}i}$——第 i 个声源的声功率级；

r_i——该声源到接收者的距离。

上式括号内的第一项是从声源传到接收者的“直接”声音。第二项是从房间表面反射出，并从许多不同方向到达接收者的“反射”声音。由于每个声源的声功率级产生了直接声和反射声，所以减弱噪声的最有效方法是使声源自身的声功率最小化。作为第二项措施，反射声场可以通过在房间的内表面使用大量合理的吸声材料来减弱。

9.8 数据通信设施内声压级限值

工业化国家中的许多规范制定机构制定了工作场所噪声暴露限值，以保护雇员免受永久性听力损害。例如在美国，制订规范的机构是“职业安全与健康署(Occupational Safety and Health Administration—OSHA)”；在欧洲，它是欧盟(European Union—EU)。它们之间的具体限值规定有所不同，欧洲的职业噪声限值比 OSHA 的限值严格一些。然而，一般说，OSHA规定中 8h 内的平均 A 加权声压级不超过 90dB(A)，而 EU 规定在任何环境中不超过 87dB(A)。规定像 80dB(A)和 85dB(A)这样较低的声压级，会引发雇员或业主采取某种强制性行动，包括引发一些听力保护和监控内容，或让员工随意获得听力保护。虽然这些声压级相对很高，主要目的是为了保护工厂和制造区域的工人，但人员稠密的数据中心也许仍会有噪声超过 OSHA 或 EU 限值的风险，潜在地导致听力损害。为了安全且确实无疑，数据中心管理者与规划师应考虑合适的 OSHA 规定和指南(USDOL 1991)以及 EU 的指令(EU 2003)，或获得有资质的声学咨询师或工业卫生专家的服务。

噪声级较低、较典型的数据中心内的噪声，通常不会高到使听力受到损害，但应进行控制，以免雇员或客户由于烦恼、注意力难以集中、通信有干扰或有其他非听力性的噪声影响而产生抱怨。为了避免这些影响，各类机构和组织多年来已公布了许多指南，对不同的环境规定了最高声压级。对可能有数据通信中心的商务区，一致的意见是：在有人员的地方，平均声压级不应超过 70dB(A)。世界卫生组织(World Health Organization—WHO)的指南(Berglund)也推荐此声压级值，但在注释中说，其目的也是为了避免听力受到损害。为了合理地审查此量级，世界卫生组织(WHO)的指南(为了免生烦恼)中的声压级值有：教室与家庭中，$L_{pA}=35$dB(A)；一般住宅室外区域，$L_{pA}=55$dB(A)。事实上，以上所提为一般性的数据中心所确定的声功率散发限值，经推导，是可以使设备布置密度典型的数据中心满足 $L_{pA}=70$dB(A)的规定。

第 10 章
结构与抗震

像高性能计算机、服务器、存储服务器、网络设备和机架内安装的设备等这类数据通信设备，会给建筑物、楼板结构和地板块施加很大的荷载。以下各节将讨论数据通信设备对建筑物楼板和地板块的影响。

10.1 建筑物楼板结构

10.1.1 重量分布区域

重量分布区域由设备或机器区域和一部分服务用间隙区域组成。

机器区域是指代表设备周边的长度和宽度所确定的、完全在设备底下的区域。机器区域在下节的公式中用 A 表示。

服务用间隙区域是指机器周围的区域。邻近机器的服务用间隙区域可能会搭接。服务用间隙区域的大小取决于设备的应用和设备安装所期望的环境。当机器靠墙安装时，服务用间隙区域应能让人在前端维修，或在机器需要移动时能有足够的条件方便移动。

重量分布区域是指机器周围的区域，它在下节的公式中以 S 表示。重量分布区域不会搭接。已知的情况是：服务用间隙区可以搭接，但重量分布区不能搭接。当两台设备相邻安装时，设备之间仅一半的区域可被用于任何一台机器的重量分布。如布置结果不足以提供合适的重量分布，则必须增加机器之间的距离 x，直到获得合适的分布为止。

10.1.2 楼板荷载/楼板荷载额定值

底地板或建筑物楼板的最大允许分布荷载随不同的建筑物而异。有些数据通信设备的地板按均布荷载值 70lb/ft²(3450N/m²)来建造。在任何情况下，验证楼板的荷载是很重要的。为了估算均布荷载，有必要确定数据通信设备和其安装过程中涉及的相关活动或相关设备，如活荷载和系统的电缆荷载，所赋予的荷载组分。

活荷载是指人的走动、测试设备、各种推车和文档材料施加在设备周围重量分布区域中的重量。在下节示例中，以 K_1 表示的活荷载的估算值为 15lb/ft²(750N/m²)。

在许多情况下，数据通信设备是安装在有架空地板的环境内的。它是一种在建筑结构楼板之上营造的地板结构，以便设置电缆和冷风分布。架空地板和电缆施加的分布荷载值估算为 10lb/ft²(500N/m²)。该系数在下节的示例中以 K_2 表示。

K_1 和 K_2 均可向上调整。例如，配置很重的电缆的高性能通信设备可能需采用较高的 K_2 值。

10.1.3 楼板负载计算通用公式

所安装设备的重量必须使楼板荷载(FL)小于或等于建筑物楼板荷载的额定值(FLR)。

楼板荷载(FL)为：

$$FL=\frac{M+(K_1\times S)+K_2(S+A)}{S+A} \tag{10.1}$$

式中 FLR——楼板最大荷载额定值，N/m²；

FL——楼板荷载，N/m²；

M——数据通信设备重量，N；

K_1——重量分布区域内的活荷载，取 15lb/ft²(750N/m²)；

K_2——该区域内架空地板/电缆荷载，取 10lb/ft²(500N/m²)；

A——机器区域面积，m²；

S——重量分布区域面积，m²。

10.1.4 楼板荷载计算示例

示例 1 已知一个重为 1124lb(5000N)、基底尺寸为 29.5in.×60in.(750mm×1525mm)的机架，其重量分布区域如图 10.1 所示。

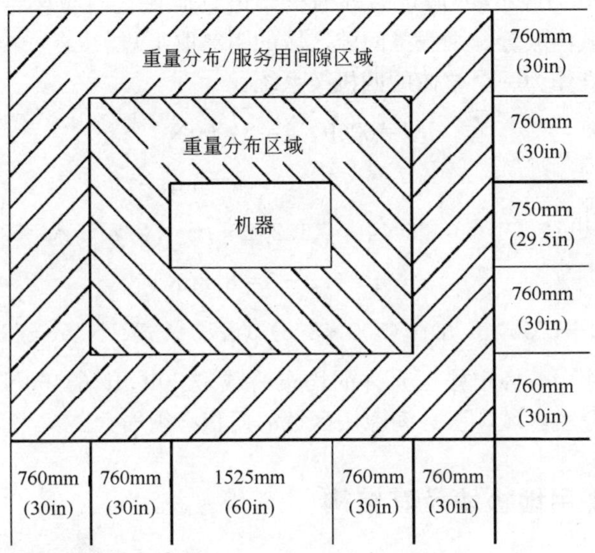

图 10.1 重量分布区域

［IBM公司同意复制(2001)］

机器的楼板荷载(*FL*)由下式确定：

$$A=0.75\times1.525=1.144\mathrm{m}^2$$

$$S+A=(0.75+0.76+0.76)\times(1.525+0.76+0.76)=6.912\mathrm{m}^2$$

$$S=6.912-1.144=5.678$$

$$\begin{aligned}FL&=5000+(750\times5.768)+(500\times6.912)/(6.912)\\&=1849.2\mathrm{N/m}^2(38.6\mathrm{lb/ft}^2)\end{aligned}$$

示例 2 多机架机器成组安装(总共 4 台机架)。

机器尺寸：0.75m×1m；

机器重量：1348lb(6000N)；

服务用间隙区域：

前面和后面：1.2m；

机架之间：0m；

一组机架的左侧和右侧：1m。

将一半服务用间隙尺寸(1.2/2=0.6m，1/2=0.5m)用于计算重量分布面积。

仅在服务用间隙区域的基础上验算重量分布区域荷载是否为 *FL*=

70lb/ft^2(3450N)或小些(假定另外的机架组只能在它们与该组机架之间的服务间隙区域内放置，则服务间隙区域的距离取半)。

首先核查作为一个整体的四机架系统：

$$M=6000\times4=24000\text{N}$$

$$A=(0.75\times1)\times4=3\text{m}^2$$

$$S=\{(1/2\times2)+0.75\times4\}\times(1.2/2+1+1.2/2)-A=5.8\text{m}^2$$

$$S+A=5.8+3=8.8\text{m}^2$$

$$FL=24000+(750\times5.8)+(500\times8.8)/(8.8)=3721\text{N/m}^2(78.15\text{lb/ft}^2)$$

在此示例中，假定楼板允许的均布荷载是 70lb. ft^2(3450N/m^2)，故为了增大重量分布区域，服务间隙用区域的面积必须增大。

10.2 检视用地板块及其结构

检视用地板块的制造商规定了不同的荷载限值。安装数据通信设备时，有 4 个限值是重要的，它们是：集中荷载、均布荷载、极限荷载和滚动荷载(Maxcess 2005；Tate 2005)。

大多数数据通信设备安装时需要在地板块上开孔口，用于布置电缆或其他用途。允许荷载限值应小于地板块制造商列出的限值，它取决于地板块开孔的大小和位置，较小的限值可小至规定限值的 50%。在限于人员走动和家具荷载的区域内，这并非是关注的原因。在一块可能承受设备荷载和滚动荷载的开孔地板块处，标准的做法是在切口反侧另加两个支座作为永久性支撑。若地板块上的孔口直径≤5in. (127mm)，且有圆形护孔环，则不需要另加支撑。

10.2.1 集中荷载

检视用地板块的集中荷载承载能力定义为：地板块能承受施加在每平方英寸面积上的某一荷载值，该荷载所引起的变形量不大于 0.100in. (2.54mm)，且在荷载移走后其永久变形量不大于 0.010in. (0.254mm)。检视用地板块的集中荷载的承载能力为 1000～3500lb(4445～15572N)，它取决于地板块的类型和制造商(注：术语“集中荷载”与可检视用地板荷载标准中使用的术语“点荷载”是同义词)。

对于成组安装的多设备机器配置来说，一块地板块会受到两个点荷载。

来自每台相邻机器的其中一个小脚轮能对一块地板施加很大的荷载。对于一台重量为 M 的机器，小脚轮的名义荷载为 $M/3$，最差的情况是 $M/2$。在一定时间内，4个脚轮中仅3个脚轮(平面上由3个点确定)承担着设备的总重量。对于一端沉重的设备来说，将导致荷载集中，所以最差的情况是集中荷载应采用 $M/2$ 值。

10.2.2 均布荷载

检视用地板块的均布荷载承载能力定义为：每平方英尺地板块的承载力，是地板块集中荷载能力的25%。由均布荷载引起的地板块上表面变形量不大于0.060in.(1.52mm)，荷载移走后的永久变形量不大于0.010in.(0.254mm)。重量为 M、底面积为 A 的设备，所施加的均布荷载等于 M/A。

10.2.3 极限荷载

检视用地板块的极限荷载定义为：当一个荷载施加在 $1in.^2$($645mm^2$)的地板块上，检视用地板块能承受而不损坏的最大荷载。

设备施加的集中荷载与以上讨论的集中荷载相似。

10.2.4 滚动荷载

滚动荷载定义为：检视用地板块能承受直径和宽度特定的轮子在滚动时所生荷载的能力，且地板块受荷载后的变形量不大于0.040in.(1mm)。对于一台重量为 M 的设备，每个小脚轮的名义滚动荷载是 $M/3$，最差的情况是 $M/2$。滚动荷载又称为非频繁性重设备荷载(以10次通过测试为基础)和频繁性非设备荷载(以10000次通过测试为基础)。

10.2.5 下部结构体系纵向加强肋与无纵向加强肋

纵向加强肋体系用在需要另加横向稳定性支撑的场合，以抵御重型滚动荷载或地震荷载。由于有设备移动所产生的滚动荷载，故纵向加强肋广泛地应用在计算机房和数据通信开关房以及如服务走道、打印机房和轻工业设施中。此外，在系统中使用重力固定地板块代替角部锁定(螺栓固定)

的地板块，能快速检视地板下的空间。纵向加强肋体系通常与有永久性粘合地砖的地板块一起使用。装饰后的地板高度常在 6～60in.（152～1524mm)范围内。

无纵向加强肋体系(也指螺栓固定或角部锁定)一般应用在办公区和人员走动的区域，如走道、教室、呼叫中心和零售用房。用于无纵向加强肋体系的地板块通常无永久性粘合的地板面饰，而用现场加的、可移去的地毯块。装饰后的地板高度在 3～24in.（76～609mm)范围内。

10.2.6 地板块荷载额定值

制造商提供了 1000～3500lb(4445～15572N)之间的几种集中荷载额定值的地板块，以最低的费用满足各种荷载要求。荷载额定值为 1000lb (4445N)或 1250lb(5560N)的地板块常用在办公室、计算机房和行人交通区域。荷载额定值从 1500～2500lb(6672～11120N)的地板块，应用在如服务走道、(有表演与舞池的)赌场、打印间或轻工业设施等那些静荷载大和/或有滚动荷载的地方。荷载额定值为 3500lb(15572N)或更大的地板块，应用在重工业区域和有工具或设备移动的通道上。

10.2.7 地震区内的检视用地板

检视用地板体系若采用地震级的地板支座可安装在地震区。支座可通过粘结或打进混凝土中的膨胀螺栓依附在楼板上，这取决于所计算的地震荷载。当地板荷载较大或地板很高或有几种不利工况综合在一起时，有些工程需将一定百分比的支座拉撑着。由于将水平构件固定在支座的顶部，增加了横向阻力，所以 4 只脚上的长加强肋被广泛用在地震高发区。对于在地震区域内的项目，下部结构体系的要求应根据可适用建筑规范所计算得出的横向力来确定。

10.3 地震区内数据通信设备安装

在地震区，为了保证人身安全和减少数据通信设备损坏，有不同形式的抗震安装方法(Maxcess 2005；Notohardjono 2003)。在某些区域，可能需要将设备与建筑物楼板刚性连接。在此情况下，对于架空地板来说，在设备的每个角部处的地板块上，应有连接用孔。当设计一个抗震系统时，不仅应考虑结构的整体性，而且应考虑连续运行，避免机架倾覆。特别是，重要的计算机设备在地震发生时也必须保持运行状态；数据通信设备不应引发人身安全事故，即不会有硬件飞出，以免伤害人员。

一般来说，抗震设计的目标是使数据通信设备的结构、地板块及其结构能抵御 1G 的水平力和在设备底部处因 1G 力的作用而产生倾倒力矩。一项对重为 3372lb(15000N)的设备所做的测试表明，设备基底和建筑物楼板(有 18 in. 高的架空地板)之间的垂直压缩力会高达 21244lb(94000N)。因此，地板块与其结构应能承受这样大的垂直压缩力。

承受地震的体系设计包括下拉紧体系、框架结构、子组件安装在支撑框架上的设计。下拉紧硬件是用于将机架结构刚性地固定在楼板上，确保体系不会倾翻，尤其在水平方向上可减小位移量。一种典型的下拉紧松紧螺套体系如图 10.2 和图 10.3 所示。这种下拉紧连接形式被证明对重量达到 3709lb(16500N)的体系是令人满意的。此外，松紧螺套体系也会在建筑物楼板与数据通信设备之间产生很大的初压缩荷载，该荷载可防止设备和地板块及建筑楼板之间相对移动。

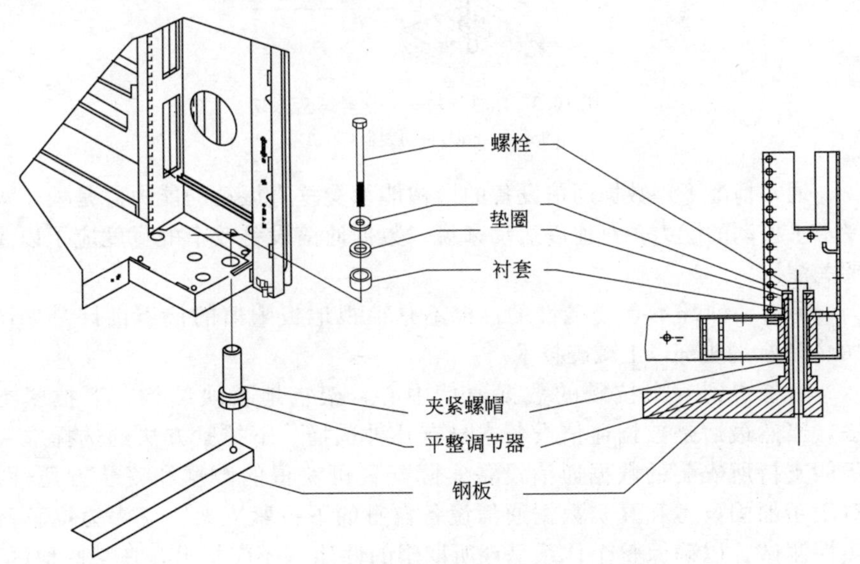

图 10.2　刚性下拉——松紧螺套总成

[Notohardjono 许可复制(2004)]

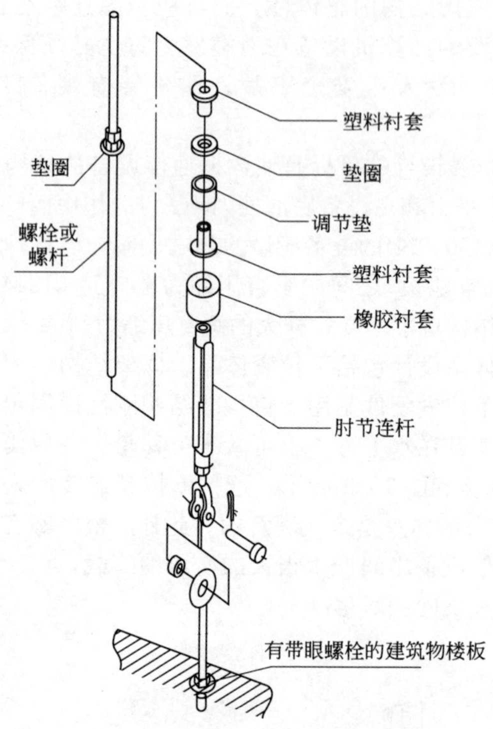

图 10.3 刚性下拉——松紧螺套总成

[Notohardjono 许可复制(2003)]

通常情况下，数据通信设备的结构能承受垂直振动的能力总是大于承受水平振动的能力。对地震运动来说，数据通信设备较窄的宽度应予以主要关注。

另有一种既不是侵袭性的，也不是检视地板限值的抗震设计是如图 10.4 所示的头部以上减震技术。

为了得到一个抗震的数据通信中心，架空地板块结构、下拉紧方法，当然最后是数据通信设备本身有几种选择。下拉紧方法的选择取决于能支持所安装的数据通信设备实际配置可获得的数据和安装方便性。对用于加固设备和真实数据通信设备自身的下拉紧支架，应竭力推荐真实性测试，以确保整个体系呈现所期望的性能。还应指出，在某些地区，当地法令和建筑规范可能要求在设备和建筑物楼板之间采用刚性下拉紧连接。

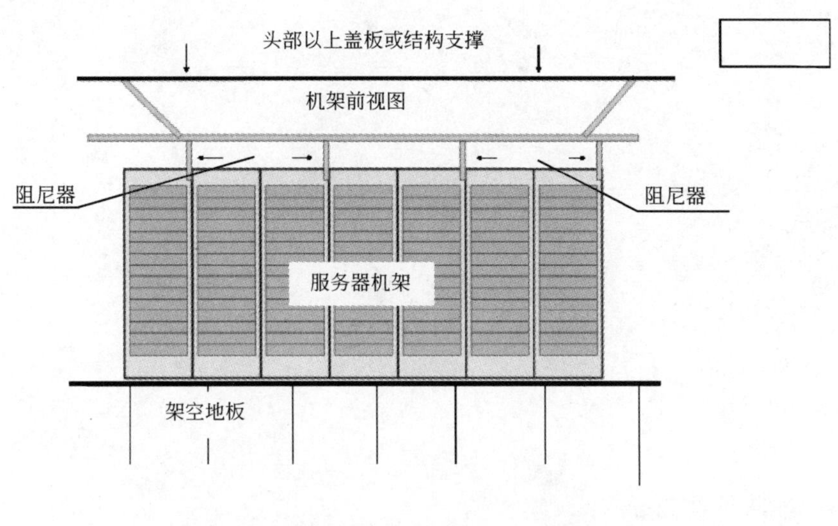

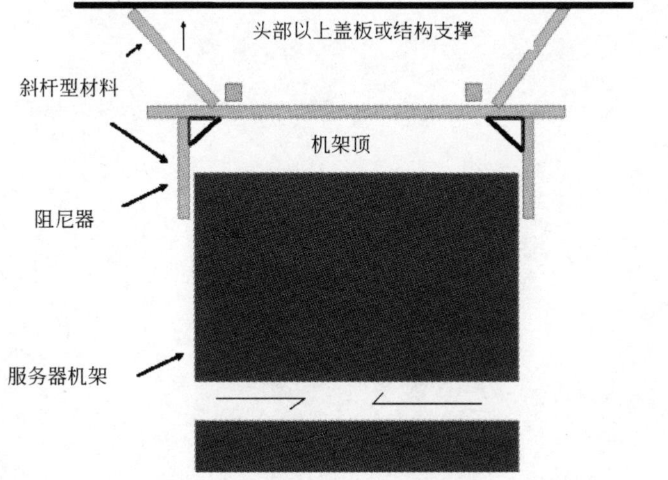

图 10.4　头部以上抗震机架阻尼器

第 11 章

火灾探测与灭火

高可靠性环境的灭火系统设计必须超越基本的生命安全范围。该系统的目的是保护人员、设备和结构，减少停机或避免停机。为了满足这些目标，灭火系统完全有可能超越规范的要求(通常为 National Fire Protection Association [NFPA] Standard)，因此必须将遵守规范和系统设计的总目标置于前位。

要采用一种全盘性方法，使系统设计的复杂性与项目的总目标相关联。部件、灭火介质、分区和操作顺序必须作为一个系统进行互补，还必须应对业主已制定的防护等级。

重要设计考虑包括：(1)初期阶段火情探测；(2)采用有效、自动的手段进行初期灭火；(3)尽早通知人员进行早期干预。

11.1 火灾报警系统

火灾报警系统是高可靠性环境中的第一条防线。由于其功能的灵活性和未来的扩展容量，一种智能化、可寻址的系统最适用于这些快速变化的环境。

11.1.1 火灾探测方法

探测器形式与应用

11.1.1.1 火灾烟气感测器

对于火情，最好的积极、主动的检测方法之一是感测烟气。一般情况下，在有足够的热量触发探测器之前，烟气会明显地以某种形式出现。考虑到烟气探测依赖于进入探测腔或经过检测元件的烟气，故不管是采用 NFPA72 规定的方法还是采用性能法，在进行探测布置时应考虑以下事项：

• 在大风量环境内，当遵循规定的方法布置探测器的间距时，点型烟感器必须依据 NFPA72-2002 第 5.7.5.3 节中给出的表/图减小其间距。在各种情况下应遵循制造商的使用说明书，尤其应关注风速值。

• 在许多数据中心内，为了要实现大跨度敞开区域，在吊平顶上会出现高大的结构梁，故应留意在这些梁的凹档内的探测器位置选择。如吊平顶高度超过 12ft、梁高超过 12in.，就探测器的间距来说，此梁基本上等同于全高度分隔。更详细的资料可参考 NFPA72-2002 中第 5.7.3.2.4 节的内容。

在光电光散射烟气探测器中，设置着一个光源和一个光敏传感器，正常情况下光源的光线不会照射到光敏传感器上。当烟气粒子进入光线通路中时，一部分光线通过反射和折射散射到传感器上，使探测器作出反应。在一个光电模糊型烟气探测器中，光线直接传递到光敏接收装置。当烟气粒子进入到光线通路中时，来自光敏装置的光线变模糊了，于是使探测器作出反应。

光散射型探测器对黑色烟气不能很好地作出反应，因为黑色物质吸收光线，减弱了散射。

离子烟气探测器含有少量的放射性物质，它能在一个小的敏感腔内电离空气，使空气导电，让两个充电电极之间可通过电流，于是敏感小室就具有很好的导电性。当烟气粒子进入电离区时，由于烟气粒子与离子依附在一起，使空气的导电性减弱，从而减弱了流动性。当导电性小于一个预定值时，探测器便以报警的形式作出反应。

由于烟气探测是通过在小腔内电离空气来完成的，故这种探测方法在高速气流环境中便不能很好地工作。

风管式烟气探测器是用来探测暖通空调空气处理系统风管段的气流中是否含有烟气的一个或一组装置。用于风管上的典型烟气探测装置有安装在风管外侧罩内、利用采样管的烟气探测传感器；有排列在风管内或部分在风管内安装的区域烟气探测器；还有安装在风管内由发射器和接收器组成的光束探测器和空气取样型探测器。

空气取样型探测器有一个从探测器接到受保护区域的管道或细管分布网络。探测器外罩内一台吸气风扇通过空气取样口，管道或细管将空气从受保护区域抽向探测器。在探测器内，对空气中的火灾产物进行分析。

以激光为基础的空气取样装置利用光电探测原理来监视探测小腔内的空气。

以云腔为基础的空气取样装置从受保护区域内将气样抽到探测器的高

湿度小腔内。气样在湿度升高后，压力就会稍微下降。如果气样中存在烟气粒子，气样中的湿气就会产生冷凝，在小腔内形成云。然后利用光电原理检测云的密度。当密度大于一个预定值时，探测器就作出反应。

光束式烟气探测器是一种使光束穿过受保护区域的光电式光线折射烟气探测器。此类探测器利用了一个设置在一端的变送器和一个设置在另一端的接收器。当它安装在能反射光束的表面（吊平顶）附近时，也可使用。光束反射式探测器利用一端的变送器/接收器和另一端的一面镜子，可提供大范围区域保护。

11.1.1.2　热感火灾探测器

固定温度点式探测器是一个探测异常高温的装置。该型探测器有几种设定值，如 135℉（57℃）和更高值。

温升速率补偿型点式探测器是一种当其周围空气的温度达到预定值而不管温升速率如何即能作出反应的装置。

温升速率型点式探测器是一种当温升超过预定速率时就会作出反应的装置。

线型探测器是一种沿着通道进行连续探测的装置。典型的例子有升温速率型气动管探测器和感热电缆。

11.1.1.3　辐射能感应火灾探测器

红外（IR）线探测器：它能对明火辐射光谱中的红外线部分作出反应。设计该探测器是用于碳氢化合物类火灾报警，而对如电焊弧、核辐射及 X-线这类射线不报警。红外线探测器有单波长型或双波长型两种。

紫外（UV）线探测器：它能对明火辐射光谱中的紫外线部分作出反应。这类探测器不应用在电焊弧周围，因为它会对焊接过程中释放出的紫外线作出反应。

紫外-红外（UV-IR）线探测器：它能对明火辐射光谱中的紫外线和红外线部分作出反应。紫外-红外线探测器要求紫外线和红外线传感器同时报警，这就要求它们很能抵御误报（例如来自电焊弧、X-线、闪电、人工照明及间歇性的热物体辐射）。因为除了火灾以外，在环境中还有引起紫外线传感器或红外线传感器误报的辐射源。事实上，没有一种传感器能应对所有的辐射源。

11.1.1.4　灭火相关条件

喷淋头水流报警：一个安装在喷淋头或储水管管路上的开关，由火灾报警控制盘进行远程监控。当水流使开关内部的触点位置发生变化时，便触发火灾报警。由于会发生水锤现象，为了避免误报，可延时报警。

控制阀调节监控：一个安装在喷淋头或储水管阀门处的开关，由远程火灾报警控制盘监控。阀柄从常开位置移动会使阀门内部的触点位置发生变化，于是触发事故报警。

低压监控：一个安装在喷淋头或储水管上的开关，通常用于预作用喷淋系统。如果它被触发，便使阀门内部的触点位置产生一个由火灾报警控制盘进行远程监控的变化。

灭火中止：一个控制按钮，一般安装在疏散门或释放控制盘处，可手动延时释放灭火剂。当手放开按钮时，释放顺序恢复。

消防水泵运行、反相、电力故障：这些工况受消防控制器监控，并在火灾报警(水泵运行)或有故障信号(反相、电力故障)时报告给远程火灾报警控制盘。

清洁剂系统释放：如果被单独的释放控制盘触发，该动作引起释放控制盘内的触点位置变化，于是在远程火灾报警控制盘上触发报警。另一种方案是释放功能可以由远程火灾报警控制盘来完成。

11.1.2　烟气/火灾探测系统应用

11.1.2.1　生命安全探测与报警

为了安装环境的需要，控制、监控以及探测装置和设备通常被要求列单并经过批准，并应提供模拟寻址火灾报警系统，其容量应能适应未来进行调整的需要，还需要一次和二次电源。

某些建筑规范认为数据中心应采用“B”组要求，在设施的大多数区域也许不需要进行自动探测。此外，建筑规范也可能不要求有手动触发报警。虽然整个设施可能不需要自动探测和手动触发报警，但按照 NFPA 72 的规定，应提供全覆盖措施以缓解烟情/火情，避免烟气扩散到设施的其他区域。

11.1.2.2　重要空间——地板以上

吊平顶附近的烟气情况应采用光电型点式烟气探测器与/或空气取样型烟气探测器予以监视。在大多数情况下，吊平顶下侧或结构顶板下侧总是有一个较低。若吊平顶上有可燃物，结构顶板处可接近，则也许需另加感测范围。若在吊平顶上安装有灭火系统时，则需有探测，以使系统能触发动作。

在安装空气取样系统作为监控公共水平表面(吊平顶下侧或结构顶板下侧)的两种保护形式之一的场合，空气取样探测应作为辅助装置进行连接，且仅用于火灾报警系统监控情况，不触发报警，不触发灭火，不触发风机停机或人员疏散。

虽然 NFPA 72 和 NFPA 90A 允许采用区域探测来实施被要求的暖通空调设备停机，但为此目的绝大多数喜欢采用风管探测器。

在设置烟气探测的地方，可以用程序来触发启动灭火系统。如另需增加可靠性，则可提供点式组合热探测器来启动灭火系统，让烟气探测系统用于疏散。在那些设置多重灭火系统的地方，烟气探测可用于触发报警和清洁剂灭火系统，而热探测器用于触发以水为基础的系统。

11.1.2.3　重要空间——地板以下

为监控架空地板块下侧的烟气状况，应提供光电点式烟气探测器与/或空气取样型烟气探测器。在架空地板下安装有任选的灭火系统时，则必须设置能触发灭火系统的探测系统。

在主管部门要求遵循国家电气规范（NEC）2002 版（或更新版）和利用 NEC 645 条款选择较宽松的要求时，以及空气在地板下输送时，要探测地板下的烟气，必须使地板下空气循环停止。许多主管部门允许在第二个探测装置（跨越分区）触发与/或报警确认后让空气循环停止。由 NEC 645 条款提供的较宽松要求之一包括了在架空地板下可布置非地板静压箱条件下标定的某些形式的电缆。

为了减少地板下装置和其他设备的拥挤，可将烟气探测器和/或空气取样管设置在架空地板的支座上，尽可能靠近架空地板块的下侧。

11.1.2.4　对维护环境很重要的支持性服务空间

监控吊平顶附近的烟气状况，要用光电式烟气探测器与/或空气取样型烟气探测器。在大多数情况下，它们既可能在吊平顶下侧也可能在结构顶板下侧，视哪一个较低。若吊平顶上方有可燃物，且结构顶板可接近，则可能需另增加感测范围。若在吊平顶之上有任选的灭火系统，则应提供用于触发灭火系统的探测装置。

在送、回风气流中设置风管型探测器，只是在发出报警后才关闭相应的风机系统。

在使用计算机房空调器/空气处理器的地方，在回风通道内设置光电点型烟气探测器与/或空气取样型烟气探测器。只是在报警发出后才用点式烟气探测器关闭相应的风机系统。在将空气取样探测系统用作辅助烟气探测系统时，不应用它来触发风机停机。

11.1.2.5　对供电很重要的支持性服务空间

见 11.1.2.2 节“重要空间——地板以上”。

11.1.2.6　非重要支持性服务空间

监控吊平顶附近的烟气状况要用光电式烟气探测器与/或空气取样型烟

气探测器。在大多数情况下，它们既可位于吊平顶下侧或在结构顶板下侧，视哪一个较低。若吊平顶上方有可燃物，且结构顶板可接近，则可能另需增加感测范围。若在吊平顶之上有任选的灭火系统，则应提供用于触发灭火系统的探测装置。

11.1.3 基本功能

11.1.3.1 生命安全探测与报警

火灾报警回路一般可分为两类：触发装置回路和通告装置回路。根据这些回路的不同配置又可分为A级和B级。A级回路通过两个通信通道(环状回路)进行通信；B级回路使用单通道(放射状回路)进行通信。规范并不要求用A级回路，但安装A级回路可在回路维修时减少停机时间(因而提高了设施的保护性)。

11.1.3.2 灭火系统监控

当楼宇火灾报警系统列入释放装置控制盘时，则该系统可直接触发灭火系统。当然也可使用独立的释放装置控制盘，但探测器必须直接与之连接，以组成一个完整的系统。某些验收协议，例如“工厂共同”协议，要求配置带一些阀门、电磁线圈等特殊的释放模块，需要有一个系统来监视事故、报警和检测状况。

11.1.3.3 灭火系统触发和释放

预作用系统可以是单联锁或双联锁，可以由楼宇火灾报警系统或专用的火灾报警系统进行监视和释放。用于释放的专用火灾报警系统必须受楼宇火灾报警系统监控。

11.1.3.4 与机械系统联锁

火灾报警系统与机械系统之间互接包括需要和非需要的动作。对于需要中断气流的情况，风机应由风机电动机的控制器断路而停转，这可利用火灾报警控制盘中一个受监控的控制模块或直接通过探测器中的电气触点来完成。电动防烟阀或防烟防火阀需要受火灾报警控制盘控制。电梯回叫系统同样需要受火灾报警控制盘控制，整个楼宇中需关闭的防火门也需由火灾报警控制盘触发关闭。

11.1.4 通告装置

11.1.4.1 声响报警

在大多数情况下，喇叭扬声器声响通告装置是可接受的。在当地规范要求时或设施设计采用声音系统有利时，可用喇叭扬声器来通告发生了火灾。当使用扬声器和话筒时，要求声响达到火灾报警规范制定的标准。

11.1.4.2 可视报警

在整个设施中，尤其如数据中心、走道、浴室、基础设施用房、大厅等非私用房间，根据规范一般要求提供频闪式可视装置。当在楼板上任何一个位置能看到多个频闪装置时，要求频闪装置同步闪烁，以减少闪烁对室内人员的影响。

11.1.4.3 报警器

如需要，报警器可用图像或字母接合到指挥中心计算机工作站。

11.1.4.4 打印机

打印机是用于提供系统运行文本自动记录的任选设备。它可打印火灾指挥中心工作站输出的图像。

11.1.5 手拉报警站

根据适用的建筑规范，需要设置手动报警装置(手拉报警站)，并推荐在所有主要支持性房间内设置，以提供手动早期报警。

11.1.6 识别

对装置地址的识别、回路识别和连接图应予以特别关注。

11.1.7 系统文件

为了维护和排除故障，必须保留好运行与维护(O&M)手册和竣工图。

11.1.8 检查、测试与维护

NFPA 72 要求对所有设备进行定期维护。

11.2 灭火系统

火灾一旦被测出后，就要用灭火系统来扑灭，减轻火灾的潜在性破坏后果。有许多灭火剂可用来完成此项工作，每种灭火剂具有特定的优点，适用于特定的环境。

用于高可靠性环境的灭火系统总的可分为两种类型：利用水的灭火系统和利用清洁灭火剂的灭火系统。

11.2.1 清洁灭火剂系统

清洁灭火剂系统是通过减少房间内空气的含氧量、吸收火灾产生的热量、干涉燃烧的化合物，或通过这些作用的组合来进行灭火的。虽然有一些可自触发的小容量系统已研制成功，但通常情况下，它们仍依赖于火灾探测和报警系统进行触发。当烟气和火灾探测器在受保护的设施内感受到出现火情时，探测和控制盘随即使用声响报警、关闭空气处理器(若按此程序设置)、断开被保护设备的电源(若按此程序设置)，然后将灭火剂释放到受保护区域。

11.2.1.1 二氧化碳

与其他非水为基础的灭火剂相比，二氧化碳(CO_2)具有许多优点。

- 设计、施工和安装合适时，CO_2 灭火系统一般不损害电气设备。
- CO_2 作灭火剂使用后无残留物。
- 灭火后经过适当通风，可将该气体排逸到大气中。

二氧化碳气体具有很高的膨胀率，易快速释放出。它可以三维方向快速渗透到整个灾害区。CO_2 是通过将受保护区域内的空气含氧量降低到低于助燃值来灭火的。由于 CO_2 密度很大，它能快速、有效地渗透到受保护的灾害区域进行灭火。CO_2 气体的快速膨胀也降低了受保护灾害区域内的环境温度，有助于灭火进程并阻缓重新点燃。

CO_2 灭火系统通常采用两种不同的方法之一储存灭火剂：存于高压钢瓶内或低压 CO_2 储桶内。

CO_2 灭火剂价较廉，随时可获得。

CO_2 的主要缺点是不适用于有人员的区域，这是因为它会使空气中的含氧量降低。

11.2.1.2 FM-200 或 HFC-227

FM-200 或 HFC-227 化学名称为七氟丙烷，是由美国大湖化学公司(FM-200)和杜邦公司(HFC-227)生产的灭火系统替代性灭火剂。它替代1994 年以前被广泛使用、消耗臭氧的哈龙(HALON)1301。这种灭火剂的主要特性如下：

- 不存在臭氧消耗潜能问题(其 ODP 为零)。

• 有人时使用安全。毒性学研究表明，人暴露在正常灭火浓度中不会产生残留物影响健康问题。

• 与 CO_2 类似，FM-200 灭火系统不损害敏感的电子设备。

• 无残留物。

• 灭火后经适当通风，该气体可排逸到大气中。

灭火剂通常被储存在钢瓶或球体内，通过管网输送到分布喷嘴。

11.2.1.3　Novec 1230

Novec 1230（由 Ansul 公司生产）是一种替代 HFCs、环境友好型的哈龙替代物，它可用于有人的场所。Novec 1230 流体可有效地应用于流淌型、淹没型、不活泼型和爆炸型灭火场合。

11.2.1.4　Ecaro-25

Ecaro-25 或 FE-25 是一种由杜邦公司研发的清洁灭火化合物。

如同 FM-200，它是被认可的哈龙 1301 的替代物。

Ecaro-25 是非正式的哈龙有效替代物。这种灭火剂可以用现有的哈龙管道系统工作，将哈龙 1301 系统转换成 Ecaro-25 系统仅需更换喷嘴和储存容器。

Ecaro-25 的主要特性如下：

• 无腐蚀性。

• 不导电。

• 无残留物。

• 适用于正常有人房间，无有害的毒性影响。

11.2.1.5　惰性气体灭火系统

设计惰性气体灭火系统是在围护范围内用于抑制 A 级表面燃烧、B 级可燃液体燃烧和 C 级火灾的全淹没性保护。惰性气体的作用是将房间内空气的含氧量降低到低于助燃值。它由 Ansul 公司配制，由三种自然界存在的气体混合而成：氮气（52%）、氩气（40%）、二氧化碳（8%）。它适用于主要有或希望有电气的、非导电介质的场合；使用其他灭火剂存在清除问题的场合；阻断灾害需使用气体灭火剂的场合；或可燃物正常充满但要求用非毒性灭火剂的场合。

惰性气体取自地球大气中自然存在的气体中。它不呈现出消耗臭氧潜能，不引起地球温室效应，也不产生大气中寿命很长、独特的化合物种类。该灭火剂没有化学衍生物伴随的毒性问题。

在将惰性气体灭火剂喷入房间内时，它通过将空气中的含氧量减少到低于助燃值来灭火，同时仍然可以让人在含氧量减少的空气中呼吸。它将房间内空气的含氧量从正常的 21%减少到约 12.5%（当含氧量减少到 15%

以下时，大多数普通可燃物将不能燃烧)，同时将二氧化碳的含量从 1%(正常状况)增加到约 4%，此时便会刺激人体进行很深而急促的呼吸，以补偿空气中含氧量减少。

惰性气体是一种有效地用于各类火灾的灭火剂。惰性气体灭火系统通过将空气中含氧量减少到助燃数值以下，对围护范围内的 A 级表面燃烧、B 级可燃液体燃烧和 C 级火灾能提供全淹没保护。

11.2.2 以水为基础的灭火系统

所有火灾喷淋系统都以水为基础，但它们在被动(非充注)系统工况中是有区别的，即有管道内充满水或以水为基础的溶液的湿式系统和通过许多手段将水引入的干式系统。

11.2.2.1 湿式管道喷淋系统

湿式管道喷淋系统是最普遍、最可靠的喷淋保护系统。在所有湿式管道喷淋系统中，整个管网充满着有压力的水。一旦可熔连接件或其他形式的热敏元件动作，水就会喷在受保护的易燃物上。

由于喷淋系统运行没有延迟，所以湿式喷淋系统被主管部门推荐为优先采用的系统。湿式喷淋系统是最经济的系统，它被规范和 NFPA 13 限制为每个系统工作范围小于 52000ft^2(4830m^2)。

11.2.2.2 干式管道喷淋系统

干式管道喷淋系统一般使用在不采暖的建筑物中与/或在可能会暴露在结冰温度的区域中。干式管道系统的管网中充满受监控的有压空气或氮气。与湿式管道系统相类似，它采用有可熔连接件的喷淋头。喷淋头动作引起系统中空气压力下降，于是打开干式管道中阀门上的阀瓣，使水进入系统，从任何打开的喷淋头处喷出。

干式管道系统较湿式管道系统复杂，造成了水喷到可燃物上有时间延迟。规范允许干式管道系统的水容量不超过 750 加仑(3410L)，且必须在 60s 内能向最远的喷淋头供水。

11.2.2.3 雨淋系统

在可燃物量很大和要求用大量的水来控制火灾与/或需将两个火灾可燃物区分隔的场合，需采用雨淋系统。它典型地用于保护燃料储罐室。

雨淋系统含有与无压管道系统相连的开式喷嘴。雨淋系统受控于一个用探测系统监控的雨淋阀。探测装置动作将使雨淋阀打开，使水同时从所有的喷嘴中喷出。

11.2.2.4　预作用喷淋系统

预作用喷淋系统包含更多的部件和设备，故该系统比湿式和干式管道系统更复杂。在设计、安装预作用系统中，需要特别的知识和经验。为了保证它们的可靠性与功能性，会涉及更多的检查、测试和维护活动。

预作用系统工作要求有一个覆盖受保护区域的探测系统。

根据其工作模式，预作用系统有三种基本类型：非联锁型、单联锁型和双联锁型。还可能有别的形式，如跨区域烟气探测系统。

非联锁型系统在探测装置动作或喷淋头触发启动时，允许水进入喷淋管道。

单联锁型系统在探测装置动作后即让水进入喷淋管道。喷淋头打开仅引起故障报警(由于受监控的空气压力下降)。

双联锁系统只是在探测装置(激发火灾报警和打开阀门)和喷淋头的易熔件(释放管道中的空气压力)同时动作后才让水进入喷淋管道。探测器的动作仅触发火灾报警；喷淋头打开仅触发事故报警。

11.2.2.5　循环灭火

此系统是以水为基础的自动关断灭火系统，它可以是湿式或预作用式、单联锁型或双联锁型。热量传感器通过控制盘控制着自动阀。当系统喷水过程中传感器探测不到热量时，就关闭阀门。若传感器探测的温度重新升高时，将自动打开阀门。控制盘中有一个喷水时间最短计时器，用于确保在初始喷淋后着火体有足够的湿润度。

控制阀的作用是要向受影响的空间喷较少量的水，随之使水害较轻，减少火灾后的清洁工作量。

11.2.2.6　水雾

这些系统需要在喷淋系统上加高压水泵和安装特殊用途的喷嘴。水在175～500psi(12.1～34.5bar)的压力下受迫通过特殊的喷嘴时，会在空气中形成悬浮状极细的水滴，也同样能有效地完成较大水滴喷淋头的功能——吸取火灾的热量，使火灾蔓延丧失了其中一个基本条件。

这些系统具有普通灭火介质的优点，避免用标准喷淋头喷水使脆弱的设备遭到损害。

11.2.2.7　泡沫

泡沫与泡沫—水喷淋系统通常用于有高燃性物品场所的特殊湿式喷淋系统。这些系统实现其功能是靠在水流中注入或引入浓缩的膨胀剂，导致喷出体积的增量从20%～1000%，取决于具体所采用的灭火剂。充满着空气气泡的聚合体自由地流向燃烧的液体表面，形成一层阻止挥发性可燃蒸气接近空气、与空气隔绝的黏稠附面层。该保护层不因受到风与气流或热量与火焰的侵袭而中断，且在机械破裂后能重新闭合。灭火泡沫可在相当长的时间内保持这些特性。NFPA 72 根据泡沫的膨胀程度进行定义，并将其划分为 3 个范围：

- 低膨胀泡沫——体积增大 20%；
- 中膨胀泡沫——体积增大 20%～200%；
- 高膨胀泡沫——体积增大 200%～1000%。

下列 4 种泡沫系统形式是允许的：

(1) 固定系统：它是将泡沫用管道从中央泡沫站输送出，通过固定的排出口喷向可燃物的装置。

(2) 移动系统：它是一种自驱动或由汽车牵引、安装在轮子上的泡沫发生装置。它能与供水管连接或能利用预先混合好的泡沫溶液。

(3) 半固定系统：它是一种在可燃物区配有固定喷口的系统，喷口接管的末端位于安全距离处。

(4) 手提式系统：可用手转移的泡沫生产设备。

这些系统可以自动或手动触发，然而，所有系统必须有手动触发的条件。

泡沫系统的设计和安装用于保护 A 级或 B 级火灾的可燃物。

11.2.3 火灾用立管系统

根据系统的目的和用途，立管系统有 3 类：

(1) Ⅰ级立管系统提供 2.5in. 供水龙头，为消防部门和受过培训能处置重大火情的人所用。

(2) Ⅱ级立管系统提供 1.5in. 供水龙头，主要为建筑物内人员或火灾初期阶段由消防部门所用。

(3) Ⅲ级立管系统提供 1.5in. 供水龙头，为建筑物内人员所用；还提供 2.5in. 大水量龙头，为消防部门和受过培训的能处置重大火情的人所用。

11.3 火灾屏障(阻火)应用

11.3.1 概述

阻火是指防止火和烟气借助机械和电气系统中让管道、风管、电线管和电缆桥架等穿过的孔口，从有额定性能的隔断或楼板的一侧蔓延到有相同额定性能的隔断或楼板的另一侧。

11.3.2　阻火系统测试标定

阻火系统是根据 ASTM E814(UL 1479)进行测试和标定的，以检测它的有效性并提供有效性文件。

(1) F 等级： 它表示一个装置防止火通过一个特殊标定系统进行蔓延测得的最小时间量。

(2) T 等级： 位于已标定墙体或楼板组合体非暴露侧的任一热电偶，在达到比热电偶测试前的温度值高出 375℉时所需的时间。

11.3.3　阻火材料

(1) 惰性材料： 这些材料对热量不产生反应。如密封胶、砂浆和泡沫材料这样的惰性材料被视为热汇材料或绝热材料，它们通常较厚，且对孔口的大小和对穿过性能标定的隔断和楼板的系统有限制。

(2) 膨胀材料： 指暴露在超过一定温度的热量和火焰中时体积会膨胀的材料。膨胀材料可以填补不规则尺寸的穿透性孔口。

11.3.4　穿透类型和阻火应用

所有阻火装置的应用都是基于穿透形式、材料、尺寸以及隔断或楼板组合体的物理特性。

(1) 直径通常在 4in.(102mm)以下，由不燃材料(如钢材)制作的管道，可采用密封胶阻火。可燃型管道(如塑料管)需用膨胀阻火材料和烟气密封垫。

(2) 用于无防火阀的风管穿透阻火取决于风管的材料和形状。典型的风管阻火装置包括非燃性法兰，用于支撑风管的壁面和能使用膨胀密封胶。

(3) 电缆桥架阻火装置采用一种注入电缆束的膨胀密封胶和在电缆桥架和穿通孔口之间处采用膨胀油灰和膨胀垫相结合的方法。

11.4　机械通风系统

11.4.1　烟气控制清除系统

11.4.1.1　目的

(1) 烟气控制系统的作用是控制和减少来自着火/烟气区域的烟气向设

施中的其他区域蔓延，并将烟气排至室外。

（2）烟气控制系统：

- 能使消防队员快速地应对火灾；
- 保持可接受的室内状况，以便疏散时快速、安全地撤出人员；
- 减少烟气对设备和建筑物的损害。

（3）应考虑与其他生命/财产安全系统的协调或结合，实现互补，而不是使每个系统互相对立。

11.4.1.2 通风系统

通风系统由排烟系统和补风系统组成，要求这些系统能使火灾区域和邻近区域之间形成压差，以清除烟气。火灾区域相对于邻近区域通常要求处于负压。确定辖区内排烟系统的要求应直接与主管部门联系。

通风系统可以是专用或非专用的系统。

- 专用系统是专为每星期 7 天每天 24 小时能进行排烟而设计的系统。这类系统应考虑定期测试。
- 非专用系统是利用或共享服务于该区域的楼宇暖通空调系统基础部件的系统。

为了保护电气设备，应考虑补风，确保补风在引入火灾区域前能被调节。补风可以从邻近区域引入，或由专用的送风系统送入。

11.4.1.3 清除系统控制

主管部门可能要求设置一个 UL 注册的烟气报警控制盘，它接受来自楼宇基础控制系统、能显示清除系统运行状况的正反馈。

11.4.2 灭火清除系统

11.4.2.1 目的

清除系统是在要求的清洁剂浸透时间超过后，能清除房间内的化学清洁剂。

清除系统的作用：

- 避免化学清洁剂扩散到其他相邻房间内。
- 在清洁剂喷出后，使重新进入房间的人员最少暴露于清洁剂中。

11.4.2.2 与楼宇通风系统结合

通风系统可能由排风系统和补风系统组成。这些系统被要求在有清洁剂的区域与邻近区域之间产生压差，以便于清除化合物。有化合物的区域相对于邻近区域通常须处于负压状态。

通风系统可以是专用系统，或是非专用系统。

- 专用系统是专为每星期 7 天每天 24 小时能清除化学清洁剂而设计的系统。这类系统应考虑定期测试。
- 非专用系统是利用或共享服务于该区域的楼宇暖通空调系统基础部件的系统。

11.4.2.3　与灭火系统结合

主管部门可能要求设置一个 UL 注册的清洁剂清除控制盘，它与清洁剂灭火系统相结合，接受来自楼宇基础控制系统、能显示清除系统运行状况的正反馈。

第 12 章

调试

12.1 引言

重要设施的调试是设施获得良好功能和可靠运行过程中的组成部分。调试应始于项目之初，因此，业主的要求可在整个设计和施工过程中得到更好的明确、处置和验证。调试应包括工厂验收测试、部件级测试、系统性能测试和系统集成测试，以确认能对反常现象作出反应的整个设施架构符合总的设计意图。

项目调试的范围在项目接近结束时需增加一些复杂的事情，遗憾的是，由于项目资金快收尾，使事情变得更为困难。因此，业主常会问一个问题："我的团队早就签了合同，会被提供一个功能齐全的设施，所有系统也有担保，为何还要花额外的钱来调试一幢建筑物呢?"。这并不惊奇，对此问题的回答可据这样的事实：每幢建筑物都是独特设计的，每项设计都需要按其指标进行检测和确认。若只是精确地根据图纸和规程简单地建造一座设施，是不能保证设施符合业主的要求的。

重要设施的调试除了需采取额外步骤外，它含有与非重要设施(如典型的办公楼)所用的相同原理。在 ASHRAE Guideline 1-1996，The HVAC Commissioning Process(暖通空调调试过程)中，对调试定义为："是一个确保系统设计、安装、功能测试、能运行并保持能实施，以实现与设计意图相符合的过程"。而且还进一步表明调试"始于规划，它包括设计、施工、启动、验收、培训，应用在建筑物的整个寿命期中(ASHRAE 1996)"。在波特兰节能公司(PECI)出版的，2.05 版(由美国能源部最先倡议)的"调试计划和指南说明"范本中，将调试定义为"一个确保建筑内各系统相互配合运行，符合设计意图和业主运行要求的过程"。它的实现"始于用文件表示设计意图的设计阶段，以后贯穿到施工、验收和担保期中，有实际的性能验证，运行和保养(O&M)文本验证和操作人员培训(PECI 1998)”。

尽管调试通常与新建项目有关，但调试也可应用于既有建筑扩建、改造和维护活动中。业主应考虑，作为一种连续调试(或“再调试”)的形式将调试的内容融入日常操作和维护内容中，确保所安装的系统和设施运行达到了功能要求，实现了期望的可靠性和可利用性。当一个建筑物的系统因缺少维护或因设备故障而偏离了设计运行工况时，通常应有一个“再调试”过程，使现有系统恢复到正常、有效的运行工况。

有关调试过程的更多信息可以从 2003 ASHRAE Handbook—HVAC Application 第 42 章“New Building Commissioning（新建筑调试）”(ASHRAE 2003d)，ASHRAE Guideline 1-1996，The HVAC Commissioning Process(暖通空调调试过程)(ASHRAE 1996)和 ASHRAE Guideline 0-2005 The Commissioning Process(调试过程)(ASHRAE 2005j)中查得。

12.2 初始文件

为了使调试有效，必须向项目团队确定与互通设施意图和功能要求。业主的计划文件、基础设计文件和项目调试计划是完成这项任务的最佳手段。

业主计划：业主的计划文件综合了设施意图(任务)及功能要求。ASHRAE Guideline 1-1996 将业主的计划文件定义为：“概括了业主对设施的全面意向和如何进行使用与运行的整体期望”。虽然该文件常在计划经理或外部咨询人员帮助下组织编制新的设施计划需求、特殊要求、后勤要求等，但一般由业主准备。

基础设计：为了实现功能要求，支持任务(如业主的计划文件中所述)的完成，基础设计文件综合了设施中有关的具体内容。该文件通常由业主雇用的建筑师和工程咨询师编制，它包含了对所设计系统的叙述和简图说明。基础设计文件应随项目的各个阶段而更新，这是由于实现设计意图的手段由于费用和后勤条件的制约不可能与初始阶段一样而可能有变化的缘故。由于该文件的更新反映了设施设计中有补充性变更，对于这样的变更，尤其是内容变更，则应对照业主的计划文件进行核查，以确保设计意图仍然得到满足。

调试计划：调试计划明确了验证和测试过程，确保项目递交的内容为人所望，它包括培训、文件编制以及项目结束等。理想一些的是该计划应由业主直接雇用的调试机构(CA)准备。如无项目调试机构，业主计划和基础设计文件有可能编制不出。因此，调试机构不但能在这些文件的编制过程中予以指导，而且还能参与编制，以确保每条内容所含信息可传输给每一个后续步骤，即最初的设计阶段、后续的施工、再后续是设施和它的所有系统测试。反之，调试计划也提供了验证和测试方法，证明整个过程和对已安装系统的测试是与该过程的第一步相符，这就是业主的计划文件。

12.3　调试级别

调试跨越的范围是从它们离开制造场地之前单个部件的测试到对整个设施进行灾难性事件模拟，确保各种各样的集成系统能实现“期望的响应，预期的结果”。正式调试的一个非常重要方面是，在设施寿命期内要一直保留集中管理测试位置上收集、组织、记录重要部件、设备、系统和设施的信息与数据。收集了有关系统性能值(压力、流量、运行转速等)，正常、备用、应急运行顺序或其他确定的运行模式，维护要求和方法(备件表、维护周期、重要部件等)，甚至有安装数据(销售商合同资料、担保资料等)的系统手册，有助于确保在施工阶段不丢弃对运行的考虑。这些手册的编制应从设计阶段开始，并应在设施的寿命期内一直留存。称为楼宇信息管理系统(BIMS)的新的软件系统正在研发，它可用于收集建筑物和设施中所有相关的详细数据，可录入互参照的 CAD 图纸、软拷贝文件、测定位置、备件表、销售商、运行和维护方法等，这些信息可使设施最大程度地得到维护。

调试活动按其特点可分为 5 类或 5 级。1～3 级调试在很大程度上关注的是部件、总成件和设备方面的内容，确保它们依据设计文件进行采购、验收和安装。4 级调试通常被称为“现场验收测试”，5 级调试被称为“系统集成测试”。这些分级调试情况归纳如下(见表 12.1)：

1 级： 1 级调试是指产品在离开其制造场所之前的测试，有时也称为“工厂验收测试”。提出这种测试的目的和方法是要确保这些产品在安装后的使用中，具有最大可能的保证度。它能在产品运出之前检查出容易解决的潜在缺陷或微小误差。1 级调试对于项目团队了解具体设备是一个很好的机会。产品尽管可能与产品说明书和产品目录所说的一样好，但实际查看、倾听、观察运行状况下的设备，能洞察到其他途径不能得到的情况，可使有关设计、运行、维护、产品支持和客户支持等问题在源头得到处理。

2 级： 2 级调试是指现场部件验证。作为规定，在收到产品后就应检查和验证，检查其在输送到使用点时是否受损坏。对于重要、昂贵、从订货至到货时间长的产品，应考虑进行彻底、全面的验证。现场运输和储存应有足够而恰当的位置，以确保产品安全，受到保护，随时可以安装。

3 级： 3 级调试是指在现场观察和验证，部件已根据计划和技术说明书的要求进行了组装，并恰当地集成到系统中。3 级调试被称为“系统施工验证”。这些正式的进程性检查应在建筑与工程公司领导下由项目经理协调，形成文件，并要求业主、合同人和设备供应商参加。此阶段工作也可包括磨合测试、模型试验和其他工作安排。操作与维护(O&M)人员应在设施现场并投入工作。这可以让操作和维护(O&M)人员熟悉设计和配置，提供维护方法、储藏、备件库存控制等输入，检查安装和运行维护手册等，就希望设施如何运行等问题向设计团队、施工和安装合同商和调试机构询问和学习。

4 级： 4 级调试通常被称为“现场验收测试”。它指的是让组成特定系统的有关部件、设备和辅助设备进行运行与功能演示，以达到额定的、规定的与/或宣称的性能标准。4 级调试要求所有起作用的团队应对这些组合、安装的部件是如何像一个系统那样实现其功能能够理解与同意。在规划和设计阶段有一个深思熟虑的调试计划，有助于确保设计意图和基础设计说明能产生一个作用与责任描述清楚的合同文本。

5 级： 5 级调试被称为“集成系统测试”。在此过程中，对冗余和备用的部件、系统和相互关联的系统组进行测试，视它们对预料之中和预料之外的反常现象的反应。5 级调试的挑战是确保所有故障事先已有考虑，并经适当测试，表明其反应能满足原计划中的意图和期望。

楼宇自动化系统(BAS)作为一种调试工具可起重要作用，尤其是在 4 级和 5 级测试阶段。显然，BAS 在用于其他系统调试前，自身须先经过严格的调试过程(确保数据收集有效、准确，即逐点确认)。但由此产生了对项目重要流程的挑战，因为 BAS 的设计和安装阶段一般迟后于其他系统。在 BAS 设计完成之前，需完成重要基础架构的选型和设计；在 BAS 安装之前，基础架构和相关设备必须安装完毕。然而，BAS 的启动和调试必须在其所支持的受监控系统调试之前。

12.4 重要设施调试

被赋予重要任务的设施，一般对预料之中或预料之外的反常现象如何反应而不影响“重要”运行提出了较多的性能要求。这些系统通常有冗余部件和公用设施馈给，是超容量的，有备用系统或备用设备，它们在应急模式时能自动或手动触发来保护“任务”的实施。在5级集成系统测试期间，这些冗余或备用的部件、系统或相关联的系统组应进行测试。5级调试除了用于典型的办公建筑外，通常还用于有重要任务的设施。

在实际的5级调试计划制定前，在确保设施可靠地实现功能，避免内部和外部出现预料中的反常现象的基础上，制定验收标准是重要的。为了使5级调试成功，调试应始于项目规划阶段，要针对项目的重要性，设施的复杂性和可得到的资源情况，将重点放在质量保证上。随着项目的进展、压力转向费用控制以及计划改进，调试任务将不可避免地会受到检验。

5级调试是使设施体现能满足设计意图和计划要求。5级调试的示例有：常规失电时UPS和应急发电机运行试验。不间断电源(UPS)系统可以从输入的“市政”电源降到含有UPS模块和电源输配单元(PDUs)的远程配电盘(RPPs)上进行负荷测试。系统不但要利用负荷排承受满负荷，而且还要测试各种故障模式下的反应，例如输入电源失电(静态的UPSs电池运行)、模块故障(多模块配置时负荷逐级增加)及其他类似的性能测试。负荷排产生的热量可为相关的HVAC和设备供冷系统提供冷负荷。BAS的监测、控制及报警系统也应验证。一个良好的策略是尽可能对更多关联系统进行测试。

12.5 调试费用

1级调试活动的费用，除业主要求亲眼见证，或测试或测试文件规定的要求超出了制造商的标准质量保证/质量控制(QA/QC)过程外，通常由制造商承担，该费用包括在设备价格内。

2级调试活动或“收货”检视，需另加一些书面工作以正式确定典型的收货过程与方法，并承担相对较少的额外费用。

3级调试活动承担的典型费用——由施工经理、建筑师与/或工程师进行检视，以确保所采用的手段与方法均按设计说明书、图纸与验收质量要求所产生的费用，都包含在施工项目中。但应预计到正式调试计划中因增加安全性、增加文件编制、为这些付出努力而增加责任性所需要增加的时间与费用。

4级调试显然需要有更多的计划，更仔细的方法，更多的时间与人力。当然，整个费用比传统的启动与测试活动稍高。经4级调试的结果应确信：重要的系统将安全运行，必须符合意图，而且它是5级集成系统测试的先决条件。正如任何新系统值得测试一样，期间会发生故障，导致时间延迟和需要补救措施(不同于调整，要修复，甚至重新设计和改进)。在4级调试期间，项目的预算与进度应考虑处理意外事故所需时间与费用，以应对和解决产生的偏差和不希望有的返工。

对于要得到正面结果的5级调试来说，它首先要求1～4级有很好的基础，就好像在发货前能识别出有疵瑕的部件，在安装前能识别损坏的货物，在系统启动前能识别安装有错误，在系统集成调试前最好能识别系统级的问题。此外，随着调试级别的增加，调试费用有增加的趋势(尤其是从业主的角度看)，花在5级调试上的时间与金钱是十分昂贵的。

12.6 结论

作为业主验收过程中的一部分，大多数设施需要经过一定级别的调试，赋予重要任务的设施需要更深入、全面地进行调试，以确保系统持续运行。有重要任务的设施的调试需表明：冗余、备用和相互关联的系统能自动识别与响应预料到的、非预料到的反常情况。

正式调试的费用会很大，它随着现场基础架构的重要性和复杂性的增加，占工程预算的比例也增加，这对于4级与5级调试活动尤其真实。

业主对设施可靠地完成重要任务的期望越高，就要以更大的努力和更多的手段专赋予深入、全面的调试计划。设施和有关的基础架构越先进、复杂，则调试计划就越复杂、越有必要。伴随着任何高质量保证计划，调试最终会获得比初投资更多的回报。

正式调试活动类别　　表12.1

级别	名称	说　明
1	工厂验收测试	对产品进行测试与验证，确保它符合制造商宣称的各项说明、额定值和特性。这些内容可能会增加，包括业主明确的功能、性能或审美要求，还可能包括部件认证或编制文件。当测试必须在业主代表在场时，有时称“工厂见证测试”
2	现场部件验证	在产品一到现场时就对产品进行检视、验证或测试，以确保发货的产品与所购产品相符，与工厂验收测试中的产品相符；在货运期间未受到损坏或无变化
3	系统施工验收	在现场检视与认证部件是否按计划与说明书的要求组成了系统。它包括验证是否符合规定的手段和方法，系统是否具有可近性、可维护性，是否符合制造商的安装要求和指南
4	现场验收验证	应表明在一个明确的系统中，有关部件、设备和辅助设备的运行与功能达到验收标准。它应包括正常运行、维护运行和应急模式运行。应验证设定值、安全性、容量和有关监视和控制的性能
5	系统集成测试	相关部件与系统的功能性测试，对预料中或未预料到的反常现象能按所想作出反应

第 13 章

可利用性与冗余性

在考虑数据通信设施中的暖通空调系统时，理解“可利用性”这一概念极为重要。顾名思义，被赋予重要任务的数据通信设施，要求一天 24 小时、一星期 7 天、全年运行，任何的运行中断一般会导致终端用户的服务/收入损失。这可能违反了设施运营者和终端用户之间的服务级协议(SLA)。

设备的高热密度与它的热敏感性相结合是一种易变化的组合，失去或中断供冷或湿度控制，即使是非常短的一段时间，也可能会引起设备损坏与/或数据丢失。新的信息技术硬件为终端用户提供了监控内部温度的能力，他们也许在设施运营者之前便能察觉供冷问题。即使在中等热密度(1.5kW/机架或 50W/ft^2)的情况下，所产生的温度梯度(供冷完全停止后最初 20min 内的平均测得值)大约为每分钟 2.5℉(Telcordia 2001)。该梯度超过了所有已知的电子设备的担保规定。

13.1 可利用性的定义

“可利用性”是系统或部件在需要使用时可操作和可接近程度的百分比值(IEEE 1990)。可利用性一般计及了部件和系统的维护情况(Beaty 2004a)。数值 99.999%(“5 个 9”)和更高值通常是数据通信设施电气设计的参考值，但很难达到。100%的可利用性是从来不可能得到保证的。对于单个部件，其可利用性常通过现场数据确定。所以，应利用部件的故障预测，在预测的故障发生前应进行维护。对于总成件和系统来说，可利用性常是在单个部件的可利用性和可能利用的冗余度及分散性的基础上进行数学估算的结果。可利用性由两个变量组成：平均无故障时间(*MTBF*)和修复前平均时间(*MTTR*)。平均无故障时间(*MTBF*)是一个系统可靠性的基本度量，但它未提供故障的定义，故没有什么意义。一般情况下，它是指重要处理设备的故障。修复前平均时间(*MTTR*)是指系统故障后恢复正常的期望时间。该指标同样是重要的，因为恢复时间可能比服务人员作出反应的时间更长。因此，这两个因素是被试图用来量化重要系统所期望的可利用性，换言之，是所期望的正常运行时间。

下列公式表示了 *MTBF* 和 *MTTR* 两个参数是如何影响一个系统整体的可利用性的。随着 *MTBF* 的增加，可利用性也增大；随着 *MTTR* 的增加，可利用性减小。

$$\text{可利用性}=\frac{MTBF}{(MTBF+MTTR)}$$

故障树分析有助于详细了解有关正常性与故障性事件发生的途径，这些事件导致了部件级故障或正在进行调查(采用自上而下的方法)的不希望出现的事件。通过将一棵完整的故障树转换成一组等效的公式，便可计算可靠性。采用事件代数，也称之为布而代数可完成此项计算。

FMEA(故障模式与影响分析)是一个用来分析系统故障模式的方法。用此信息可确定每个故障对系统的影响，从而改善系统设计。通过将严重程度分配给每个故障模式可将分析深入一步，这种情况被称作为 FMECA (故障模式、影响和临界性分析)。FMEA 采用自下而上的方法。例如，分析开始于单个部件，然后向上分析到整个系统。它除了被用作设计工具外，还可用于计算整个系统的可靠性。

然而，在这类分析中，要得到各台设备用于计算的概率数据是困难的，这就是为什么很少进行空调系统可利用性计算的原因。有关设备与系统方面公布的数据并不容易得到，确定一个供冷故障也是困难的。例如，当 IT 设备完全失电时，它就停机，这是一个明显的故障。但是，当供冷有故障时，只要空气入口温度和湿度保持在允许的限值内，IT 设备仍可运行，这可以确定也可以不确定为故障。

作为部件可利用性和冗余程度的函数，供冷对于系统可利用性计算是一个需要进一步研究的领域。然而，仅从机械系统的观点来看，整个数据中心的可靠性是不可能计算的。它需要一个整体性的计算方法，在此方法中，故障模式(机械的、电气的、给排水的、结构的、人为因素等)*N* 的概率，就当作每个故障模式是与其他故障模式相串联似的进行计算。如果一个机械系统正常运行时间的计算值是 99.99%(这难以达到)，则不能说整个设施能期望的正常运行时间也是 99.99%。该方法未计及这样的事实，即其他系统有一个与机械系统概率串联的有限概率。

直到获得了供冷设备的可靠性数据后，运行人员才应将重点放在已知的最佳做法上，如进行良好的监控、系统设计、运行和维护(见 13.5 节，“实际做法示例”)。

13.2 冗余性

系统的可利用性也许是如此重要，以致系统故障引起的潜在费用将证明考虑冗余的系统、容量、与/或部件以及增加分散性是合理的。

用于获得系统较大可利用性的最常用方法是增加冗余的并联部件，以避免单个部件故障触发整个系统故障。在处置暖通空调系统的冗余量时，通常用 $N+1$、$N+2$ 和 $2N$ 这些术语来表明将要另加多少部件。N 代表满足正常负荷需要的设备台数。冗余设备对补偿故障设备是需要的，也为维护提供机会，余下的在线容量能支持正常负荷。

在一个采用计算机房空调（CRAC）机组的数据通信设施中，如果需要 $N+1$ 的冗余度，那么，首先要确定是需要多少台(N)机组来满足正常冷负荷。然后，另加一台来获得 $N+1$ 的冗余。

随着可利用性程度增加的需要，设备的冗余度也应增加。有关可利用性程度和冗余度的数据是得不到的，但一般来说，3 级和 4 级设施可不具备任何供冷冗余(N)；2 级设施应具备 $N+1$ 供冷冗余；1 级设施应至少具备 $N+2$ 供冷冗余。这些冗余度是根据经验粗略估计的，实际设计的冗余度通常根据资料和用户、信息技术经理、设施员工和工程师们的经验来选择。

在确定所需冗余度时，还应考虑供冷中断事故时的热密度和由此而导致的温升速率。如果热密度很低，一个 N 配置中的供冷机组中断供冷仅致使房间的一个区域有很小的温升，这也许是可接受的。然而，在高热密度情况下，可能存在着供冷中断会导致某个特定区域有很大的温度变化速率。即使最终温度仍然在允许的限值内，但允许的温度变化速率可能会超过。只有确保在任何供冷机组中断供冷时不会产生不允许的温度变化速率，才能避免这种情况。因此，它对冗余度的影响可能比将实际温度限制在允许范围内还大。

尽管在理论上可得到 $N+1$(或更多的空气处理机组或计算机房空调机组)的冗余，但地板送风或头部以上气流的动力学特性决定着特殊机组失效时对具体区域的影响是很重要的。冗余度应在项目的调试阶段予以证实。也可用 CFD 分析来确定重要使用区域中具体机组失效时产生的影响。对于大型房间，可为每 X 台机组考虑采用 $N+1$，以此为每 X 台机组提供一台冗余机组，每一组机组控制着数据中心内的一个单独区域。

对冗余设备的经常使用应予以关注。在过滤器、保温的机组箱体上，以及在孢子和微生物生长所需食物源可能积聚的空气通道中，应防止促使霉菌滋长和发霉的产生条件。另一个方法是让冗余设备一直在运行，但需采用变频装置(VFDs)控制风机转速。这样，风机可在与负荷相匹配的转速下运行。如果一台风机发生故障，其他风机就提高转速以维持所需风量。因为所有设备都在运行(除非负荷低到不需要所有设备运行)，所以不需要安排设备演习运行。此外，还应留意在最小风量工况下(有可能采用 CFD 或实测法)确保有冗余度，确保显热比不下降到会出现大量除湿(随后需重新加湿)的程度。

计算机房空调机组冷液侧演习运行也很重要。有冷水或水/乙二醇冷却的直接蒸发(DX)机组，应定期打开其控制阀以使冷液流动，防止管道内侧淤塞和腐蚀。

13.3 分散性

系统采用另一个替代的输配途径被称为具有分散性。某公司制定了数据中心设计中分散性和冗余度级别的分类排行(Tier)(Turner 2003)。Tier Ⅰ设施的电力输配线路仅有一路，没有冗余；Tier Ⅱ电力输配也仅具有一路，但该线路中有 $N+1$ 冗余；Tier Ⅲ有主动和被动两路电力输配线路；Tier Ⅳ有两路完全独立、主动的电力输配线路，可均等地分担重要负荷。这些类别中每类的计算可利用性从 Tier Ⅰ的 99.671%到 Tier Ⅳ的 99.995%。即使是 Tier Ⅳ的设计，由于人的介入，也不能达到“5 个 9”即 99.999%可利用性目标。Tier Ⅳ的计算假设是每 5 年发生一次现场事故，如火灾报警或紧急断电(EPO)等。

采用双重馈电，常能在不切断重要负荷的情况下实现有计划的信息技术设备(ITE)、空气流动装置的基础活动，这个概念被称为“共同维持”。目前已经制订了可由双电源供电的“错容”设备的认证标准(Brill 2002)。

13.4 人为失误与可利用性

由于在数据中心的故障报告中有较大的比例与人为失误有关，所以应始终考虑系统的简单性和易于操作。大多数耐用的数据中心设计也会被人为失误所连累。不管系统故障的原因何在，数据中心的可利用性总是受到了影响。人为失误的原因可能是较差的文档管理、缺乏培训、缺乏理解、或甚至长期在下班后进行维护感到疲劳。人为失误可以通过确保设计的设备和系统能自动防止故障，确保人员活动是谨慎的，以及仅让培训过的人员接近系统等手段使之减少到最小程度。培训应从调试阶段开始，并在设施的全寿命周期内进行持续培训。

制定良好的文档管理方法也有助于防止人为失误，例如：

• 采用接入/接出方法，减少在某些情况下开、闭阀门或开关的机会。

• 对重要环境内的所有工作，采用签名手续，或重要环境工作授权的方法。

• 对于任何状态的变化，例如打开或关闭阀门，将设备启动和关闭等，需要楼宇工程师和设施经理两人签名。

这些措施虽不能消除人员失误的可能性，但它们能应对大多数由于轻率或粗心地动作而引起的故障。

破坏和恐怖主义本质上不是人为失误，但这是可能发生也应防止的事件。设施应有安保策略，限制人员接近设施。如冷凝器和冷却塔这样的室外设备也应隔离，只让那些被授权维护和操作的人员接近。

13.5 实际做法示例

数据通信设施设计中增加暖通空调系统可利用性的实际应用也许包括以下所列的任何一项，以下只是一些示例。

• 公用设施备份：发电机、二级电力服务、供水、燃料供应等。应急电源供应可能需要供给某些区域的暖通空调系统和数据通信设备，使设备在允许的环境条件下继续运行。

• 空气流动设备备份：空气处理机组、风机、计算机房机组等。

• 备份与/或互接的冷却设备：冷水机组、水泵、冷却塔、干式冷却器、冷却盘管、补水供应等。

• 分散性配管系统：冷水系统、冷却水系统等。

• 空气流动与/或冷却设备的应急电源全部或部分备份。

• 蓄冷备份：冷水、冰、补给水等。

• 用于空调设备的可替代电源。

• 信息技术设备利用双电源，有两个电源可以连接。如果一个电源出现故障，电路不会中断。

• 为部件故障早期报警进行温度监测。

• 现场一直留有备件存货清单。

• 为快速配置提供临时性冷却设备。

- 有应急反应计划的文本。
- 采用远程监控报警的检漏系统。
- 留有切断阀位置的文档。
- 使系统，尤其是控制和自动化系统应尽可能简单。系统越复杂，发生故障的机会越大，系统恢复的时间也越长。

第 14 章
节能

14.1 引言

能量是一个重要的度量内容，这是由于电信与数据中心的用能费用占了设施运行费用中很大部分。本章中涵盖的节能研究可分成四个范畴：环境标准、能量产出装置、能量输配及其他度量内容。“能量产出装置”中的子项包括：冷水站房、计算机房空调(CRAC)机组、风机、水泵及变速装置、湿度控制、水侧经济器、空气侧经济器、室外空气通风及部分负荷运行。“能量输配”中的子项包括：室内气流分布、计算机房空调机组——空气分布，及部分负荷运行——空气分布。“其他度量”中的子项包括数据通信设备用能、UPS节能、新涌现技术、控制和能量管理及系统能量模拟。

ASHRAE的Standard 90.1(ASHRAE 2004i)提出了包括数据中心在内的几乎所有非住宅设施的最低节能要求，它包括建筑围护结构、HVAC系统、服务用水的加热以及照明效率标准。然而，数据中心内的大多数用能是直接被房间内的数据通信设备所消耗的。尽管各案例中的HVAC设备所列的效率相同，但房间环境条件、供冷系统的设计与配置，以及用于冷却这些设备的控制协议可能会导致能耗有很大差别。因此，专门针对数据中心节能进行深入讨论是有理由的。

有关数据通信设施中能耗的案例研究已编制成目录，可供公众查阅(LBN L 2003)。有关数据通信设施节能的已有研究总结与这方面进一部的研究途径也已发表(Tschudi2003)，涉及的范围包括监视与控制、电气系统以及含免费冷却、计算机房空调(CRAC)机组内采用变容量压缩机的HVAC系统。

14.2 环境标准

ASHRAE的"Thermal Guidelines for Data Processing Environments(数据处理环境热指南)(ASHRAE2009)"中的第2章推荐进入数据通信设备的空气温度应保持在64.4～80.6℉(18～27℃)之间；湿度应保持在最低露点温度为41.9℉(5.5℃)，最高相对湿度为60%，或露点温度为59℉(15℃)。对于电信行业，Telcordia GR-3028 (Telcordia 2001) 推荐的设施合适(从经济性考虑)运行温度为65～80℉(18～27℃)，最大相对湿度为55%。

数据中心"传统的"温度/湿度容差为：干球温度±2℉(1.1℃)；相对湿度±5%。然而，该范围值比大多数数据通信设备的运行要求更严格。

放松严格的环境条件，采用如热指南(Thermal Guidelines)(ASHRAE 2009)中较宽广的环境参数范围，采取以下措施可获得显著的节能效果：

- **蒸气压缩循环热力效率可以提高：** 提高房间温度，让蒸气压缩循环以较小的温差运行，可提高循环的热力效率。对于冷水站房，粗略估算蒸发温度每升高1℉(0.6℃)，效率增加1%～3%。在冷水温度为60℉(16℃)、冷却水温度又较低的条件下，冷水机组的部分负荷效率有可能在0.20 kW/ton范围内。在许多气候条件下，一年中有许多小时数可以通过蒸发冷却而不使用冷水机组制取60℉(16℃)的冷水。
- **减小加湿负荷：** 加湿负荷可由降低相对湿度限值(从45%降低到40%)和降低温度限值来减小。例如，68℉(20℃)/40%RH工况(40.7克/磅室内空气)下的设计湿负荷只是72℉(22℃)/50%RH工况(58.5克/磅室内空气)下湿负荷的70%。由于基准(室外空气)湿度不为零，且在加湿季节中有变化，故实际年加湿能耗的节省量更大。如要确定各地的实际节能量，就需要进行露点温度bin数据分析。
- **降低除湿负荷：** 在电信和数据中心环境内，经常用计算机房空调器的冷却盘管进行除湿。如果需要除湿，则通常是降低冷却盘管的温度，因为它增加了盘管的冷凝水量，降低了房间内空气的绝对湿度。由于冷却盘管可能会导致房间过冷，所以定风量系统较冷的送风经常被再热。同时进行加热和冷却，将导致很大的用能量。提高最大相对湿度值可减少冷却盘管运行在除湿模式时需要同时进行加热和冷却的小时数。
- 某些欧洲电信公司通过(积极地)在大多数时间内或整个运行时间内允许房间温度和湿度在设备运行环境许可的全范围内变化，已能省去以制冷剂为基础的供冷系统。这些设施采用 CFD 技术结合详细的房间环境设计，部分或全部时间利用 100%的室外空气(直接免费冷却)。这些设施的环境系统用能量被宣称比以制冷剂为基础的供冷系统用能量的 50%还少(Cinato 1998；Kiff 1995)。

• 对于某些设施，较宽的温度范围可能会引起运行费用增加。与电信配线室和电信房运行有关的两项主要费用是 HVAC 用能费用和电池更换费用。仅以 HVAC 用能费用和电池更换费用为基础，降低电信配线室和电信房内的最高运行温度具有经济优势——电池费用的降低比 HVAC 能耗费用的增加更多 (Herrlin 1998)。

14.3　冷水站房

冷水站房一般有以下耗能设备：冷水机组、冷水泵、冷却水泵及冷却塔风机。此外，它还可能有用于诸如免费冷却的换热器的被动设备。管道、阀门、控制系统也是系统的一部分。在此讨论的目的并非是想介绍第 4 章“计算机房概论”中已详细论述的冷水站房，而是要阐述能有效、可靠地提供冷水的节能研究与方法。冷水站房效率的显著提高通常归功于提高冷水温度和对主要运动部件(如冷水机组压缩机、风机和水泵)实施变速控制。

14.3.1　冷水机组

冷水机组首先可按其排热方式分类：用空气或水排热。由于空气的湿球温度低于干球温度以及较低的排热温度可得到较高的热力效率，故如能获得，水冷冷水机组几乎总是能得到较高的效率。

在集中站房内通常可见水冷冷水机组的三种主要形式：离心式、往复式或螺杆式。性能值有满负荷值、部分负荷具体工况值，或按 ARI550/590-98(ARI 1998)标准的综合部分负荷值(IPLV)。风冷式冷水机组一般有往复式、蜗旋式或螺杆式。

满负荷效率与部分负荷效率会随不同的制造商有较大的差异，也会随确切的设计工况而有很大的不同。因此，从几个制造商中获得项目的具体选择总是有意义的。选择时应考虑以下几点：

• 机组的效率范围很宽，取决于冷水机组的类型，因此应选择工程最适用的机组。在选择时应考虑最可能多的部分负荷运行工况。

• 查看冷水与冷却水温度(和温差)对冷水机组效率的影响。

• 配置变频装置的冷水机组一般有非常好的部分负荷效率曲线。

• 蒸发器侧流量可变的冷水机组，会使水泵输送费用与安装费用相对于一次/二次冷水泵系统较低。

14.3.2 冷水泵

冷水泵选择时的一些考虑：

• 水泵应按最佳工况点选择。应核查多家制造商和多种水泵型号，找到应用中效率最高的水泵。

• 对冷水的 ΔT 应予以优化。较大的 ΔT 将使流量减小，也减少了泵送能耗，但潜在地使冷水机组的效率降低，或需采用较大的冷水盘管。

• 应规定采用高效电机，在适用时规定用变速装置。

14.3.3 冷却水泵

选择冷却水泵时的一些考虑：

• 水泵应按最佳工况点选择。

• 对冷却水的 ΔT 应予以优化。较大的 ΔT 将降低泵送费用，但潜在地使冷水机组的效率降低。

• 应规定采用高效电机，在适用时规定用变速装置。

14.3.4 冷却塔

可采用多种策略使冷却塔的能耗最小，这些策略如下：

• 对于给定的冷却负荷，冷却塔风机的能耗完全可变。为冷却塔高效运行而优化选择，应核查多家供应商，核查每家供应商的多种冷却塔型号。

• 对于风机选型，螺旋桨式风机一般比离心式风机的单位能耗低。

• 高调节比设计的冷却塔能使冷却水量与冷水机组需求更好地匹配，尤其对有多台冷水机组的站房。

• 应规定采用高效电机和变速装置。

• 依据风机三次方定律，多台冷却塔采用变频装置运行可能比单台冷却塔风机全速运行效率更高。

14.3.5　控制

良好的控制是一个冷水站房高效运行的重要部分，以下各点需认真考虑：

- 为了使能耗最小，应对设备的部分负荷运行配合进行优化。在任何给定部分负荷工况下，对冷水站房需有优化研究，以确定设备运行最佳配合。
- 为了部分负荷时高效运行，应进行水泵输送策略优化。
- 对冷水或冷却水温度应进行再设定优化。
- 为了部分负荷时高效运行，对冷却塔风机转速应进行优化。
- 对预冷却或免费冷却设定值应进行优化。

14.3.6　系统模拟和优化

在项目设计阶段，一旦满负荷或部分负荷工况已知，应采用能耗模拟程序建立一个冷水站房的模型来模拟设施全年运行情况。此模型可用来优化如冷水供水温度、回水温度、冷却水供水温度，以及另加换热器以获得预冷或免费供冷等。由于美国(以及在世界)有着宽广的湿球及干球温度分布，一种气候条件下的优化设计对其他地域来说很少是最佳设计。如果程序足够完善，可以对以室外空气湿球(对于风冷冷水机组来说是干球)温度为函数的用能情况进行优化。ASHRAE 在 2003 ASHRAE Handbook—HVAC Applications，chaper 41“监视控制策略与优化”(ASHRAE 2003c)中对优化提供了广泛的指南。

14.4　计算机房空调机组(CRAC units)：产出

计算机房空调(CRAC)机组在数据通信设施的空气调节和控制中使用得很普遍。在 ASHRAE Standard 127(ASHRAE 2001)中有包括能效在内的计算机房空调器的额定性能。计算机房空调器中的耗能部件也许有以下任何一项：

- 压缩机；
- 风机系统；
- 再热部件(可以是电、热水、热气)；
- 加湿器(有几种类型)；
- 排热装置(通常为专用的远置冷凝器、干式冷却器或湿式冷却器)。

有关节能的内容应考虑如下：

• 集中站房(尤其是水冷站房)的热力效率常大大高于典型的10～60冷吨计算机房空调器的效率。

• 在高效设计的系统中，几乎永不需要计算机房空调器的再热盘管。

• 如果有干式冷却器或湿式冷却器，在许多气候条件下，可利用水侧经济器盘管来降低系统能耗(风机能量的增加必须与现场具体的压缩机用能的减少进行比较)。当经济器盘管在部分负荷下工作时，如果压缩机被确认气缸卸载，则所得效率是最高的。

• 湿式冷却器应优先于干式冷却器，因为水喷洒在冷却器上，减少了风机所需能量。

• 不同加湿系统的能耗有着显著差异。由于数据中心一般要求全年供冷，超声波加湿系统能使气流绝热冷却，成为加湿过程的一部分，故它的能效通常最高。应避免采用可能将杂质带入送风中的加湿系统。

14.5 风机、水泵及变速装置

风机和(冷水系统中的)水泵是数据中心内能耗最大的一些设备。一项对几个数据中心进行的基准研究发现，使空气流动的费用通常在总用能费用的5%～12%之间变化(LBNL 2005)。因此，仔细设计数据中心的风机和水泵以及采用变速装置以求部分负荷时节能运行尤其重要。

14.5.1 风机

风机的功率或一台100%机械驱动效率的风机，其所需的理论功率与风量、风机的总压头成线性关系。

数据中心内减少风机系统能耗的方法如下：

• 使用较大的风道、架空地板或头部以上空间、盘管及换热器(包括冷却塔)使压力降最小。这样虽有可能使初投资费用较高，但将减少运行费用，并能很快地证明增加的费用是合理的。降低风系统阻力，就可采用较小的风机和电机，将使补偿初投资的费用减少。

• 空气渗漏是一个重要的费能源头。架空地板会渗漏，需要附加风量，导致较高的用能费用。密封地板内的孔口，如电缆盘穿过处，可减小风量。通常情况下，所选计算机房空调机组的输送风量应大于流经地板块的计算风量。进行渗漏量的分析既可提供必须的冷却风量，还能保持风机最小能耗。

- 风机转速应在调试期间进行，使之与系统要求相匹配。对于直接蒸发型(DX)机组，需注意减少盘管冰冻的机会。
- 采用双速或变速风机，可在部分负荷运行时降低能耗。
- 应规定采用高效电机。
- 风机应按最高运行效率进行选择。如风机出口性能较差，为了减小出口损失，应考虑采用低面风速风机。
- 应选择压力降最小并能提供所需过滤效率的过滤器。定期维护过滤器有助保持较低的压力降。

14.5.2　水泵

水泵功率或一台 100％机械驱动效率的水泵，其所需的理论功率与水泵流量、总压头成线性关系。

数据中心内减少水泵系统能耗的方法如下：

- 采用较大的管道、减少运行长度和流向改变、采用大半径弯头、减小换热器的压力降，能改善系统效率。
- 应规定采用高效电机。
- 水泵应按最高运行效率选择。
- 采用双速或变速水泵，可降低部分负荷运行时能耗。为了得益于部分负荷时的良好效率，应规定采用二通冷水阀。
- 整个泵送系统的设计应具有最高效率，它包括避免旁通，只采用配置变频装置(VFDs)的一级泵等。

14.5.3　变速驱动

风机定律(ASHRAE 2005c)和水泵定律(ASHRAE 2005g)表明，输入风机和水泵的功率与这些设备转速的三次方成正比。例如，风机和水泵的转速为其正常转速的 50％时，仅需要同一设备运行在 100％额定转速时的理论功率的 12.5％。因此，当设备运行在部分负荷时，变速装置的节能潜力十分明显。

14.6　湿度控制

数据中心用能账单中的很大比例花费在加湿与除湿上。

从加湿中减少用能的机会主要是降低所要求的设定参数，这在 14.2 节中已讨论过。

减少费用的另外一个机会是比较不同蒸汽系统的燃料费用：从燃气蒸汽锅炉产生的每磅蒸汽费用通常比来自电锅炉或其他电源的蒸汽便宜。然而，应避免采用将杂质带入送风中的加湿系统。

应牢记电信与数据中心通常无内部湿源是很重要的。不管是受迫的还是渗透的室外新风，是房间内绝对湿度变化的原因。因此，减小渗透风量与/或通风量直接影响着房间内所需加湿量。有报告表明，若室外新风同时关闭，结构密封好的数据中心可长时间保持湿度标准(Conner 1988)。

数据通信系统中含有对静电释放(ESD)敏感的部件。在相对湿度较低时，最有可能出现与静电有关的故障。某些集中机房，尤其在气候干燥与/或冬季寒冷的地区，可能需要加湿。加湿的主要原因是减少与静电释放引起故障有关的费用。

静电释放引起故障是很费钱的，但加湿并不一定是一个性价比很好的解决方法。Telcordia 的研究表明：在美国各种气候条件下，蒸汽加湿到相对湿度设定值为 30%时，将导致净费用增加。若加湿设备已安装，维护费用较低，则寒冷气候区相对湿度设定值为 15%时的性价比可能较好。减少静电释放引起故障的其他较好方法是让人员接地(Herrlin 1996)。数据通信中通常可接受的做法是不主动地加湿集中机房。

14.6.1 除湿

除湿通常由冷却盘管来完成，空气经过盘管低于露点温度时就会冷凝出过量的湿气，因而冷却盘管一般可实现冷却与除湿双重功能。该方法的一个问题是用于冷却的最佳温度也许不是除湿所需温度。如果除湿要求较低的温度，则空气就会过冷且一般需要再热，浪费了能量。除湿系统的设计应避免低负荷工况下需要再热。

解决同时(或按序)冷却和加热而产生能耗问题的方法有多种。如果冷却设备和整个系统可采用某方法而对整个系统运行不产生不利影响，则变风量(VAV)是一种方法。通过减小经过盘管的风量，获得在同一风量、同一盘管温度下可满足显冷量和潜冷量的风量值，于是可避免再热和过冷。另一种方法是采用分离式盘管设计。有除湿要求时电磁阀关断 1/3 的盘管的制冷剂，使另外 2/3 的盘管在较低的表面温度下运行。此方法提供了较小的显热比，能使除湿量增加而不使房间过冷或需要再热。

另外一个替代方法是在房间补风中或在独立循环系统中完成全部除湿量。只要房间正压能避免渗透，补风系统就能够除湿。由于电信与数据中心通常没有内部湿源，故常视为露点温度控制的补风系统的绝对湿度能在房间内得以保持(Conner 1988)。

同理，除湿的另一种方法是采用干燥剂或其他除去过量湿气的技术。它提供了一个独立的除湿系统而摆脱了冷却盘管实现的主要功能(冷却)，还避免了同时进行加热和冷却的需求。有关干燥剂转轮，结合焓转轮、显热转轮及旁通等各种配置的资料见 Wong 等(2002)的论文。一种称为 SEVLI 或源能量通风负荷指数的度量标准用来比较各种配置的源能量。针对亚特兰大的研究结果表明，一个有蒸气压缩系统相辅的焓转轮的 SEVLI 值，是有干燥剂系统相辅的焓转轮的 SEVLI 值的 2.3 倍。

14.7　水侧经济器

水侧经济器是利用寒冷的室外空气干球或湿球温度条件产生冷却水，能部分或全部满足设施供冷要求。水侧经济器有两种基本类型：直接式免费冷却和间接式免费冷却。在直接式系统中，冷却水直接通过冷水回路进行循环；在间接式系统中，增加一个将冷却水回路与冷水回路分开的换热器。为便于比较，图 14.1 表示了一个直接式水侧经济器原理图，图 14.2 表示了一个间接式水侧经济器原理图。

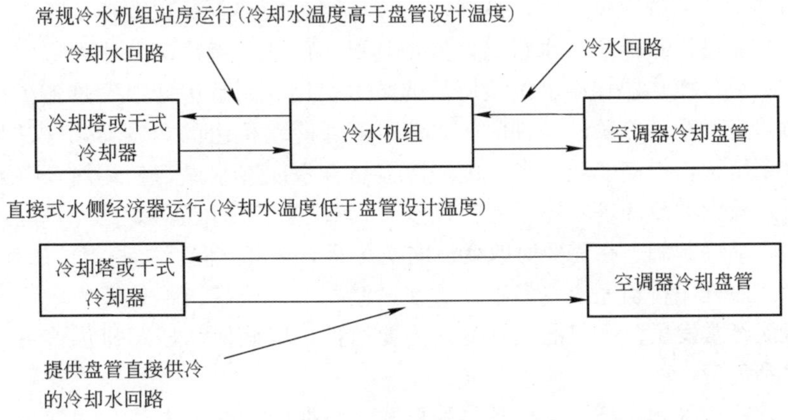

图 14.1　直接式水侧经济器原理图

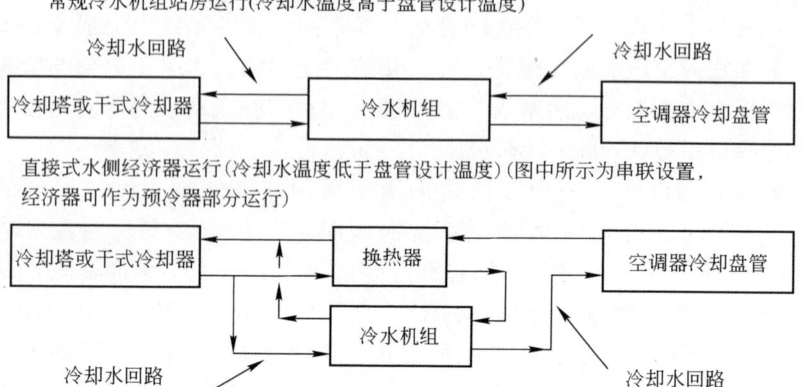

图 14.2 间接式水侧经济器原理图

结合水侧经济器的水冷冷水站房常采用间接方式。该方式能使冷水站房的冷却塔在环境空气湿球温度许可的任何时侯产生很冷的冷却水，然后很冷的冷却水通过一台换热器从冷水回路中吸取热量。当冷却水达到足够冷时，就能充分满足冷负荷要求，于是水冷冷水机组就停机。为了充分满足数据中心的冷负荷要求，室外空气的湿球温度通常应比设计冷水温度低7～10℉(4～6℃)，它取决于冷却塔的逼近温度与经过换热器的设计温升。

结合集中冷水站房而用的水侧经济器可以串联或并联设置。若并联设置，当室外空气的湿球温度低到足以能通过换热器提供全部冷量时，冷水机组便可停机。若串联设置，只要当环境空气的湿球温度低到足以能通过换热器满足部分冷负荷时，冷却水就按序流过换热器。在此模式下，冷却水串联流过换热器和冷水机组，能得到更多的“免费冷却”小时数，仅另加使水流过换热器和冷水机组所需的泵水费用。一旦湿球温度具备了使换热器能提供全部冷量的条件时，水流可旁通冷水机组的蒸发器，这样可降低水泵压头，提高能效。当水侧经济器结合水冷冷水站房使用时，需要换热器、较大的冷却塔，还可能另加水泵(取决于管道配置)。此外，经济器要有电动控制阀，在需要时改变流向换热器的水流方向。这些阀位的变化，如果按照程序自动完成，多半发生在过渡季节，尤其当换热器串联设置时更可能经常发生。工况的频繁变化需要监控，以确保从压缩机供冷可靠地转换到免费供冷。

直接式水侧经济器运行有多种形式。数据中心环境中最常用的形式之一是结合水冷空调器使用的“干式冷却器”。该直接式系统通过以风机作动力的空气—液体换热器(干式冷却器)，利用室外空气来冷却冷却水。当室外空气的干球温度可以将冷却水冷却到能承担数据中心的部分或全部冷负荷时，经济器就运行。然后，冷的冷却水直接进入计算机房空调机组的冷却盘管，从设施中吸取热量。该系统中有一种更高效的形式是使用闭式回路液体冷却器，通过在换热表面喷水(湿式冷却器)来改善换热工况，能得到更多的免费冷却小时数。

14.8　风侧经济器

风侧经济器是一种当室外空气条件满足一定标准时，利用室外空气进行部分或全部供冷的空气处理系统。风阀用于调节新风和回风相混合。显热经济器是用温度传感器控制风阀，而焓经济器是用温度和湿度组合的传感器进行控制。图 14.3 表示了风侧经济器的运行原理。当经济器不工作时，回风将大部分回到系统中而不排走。

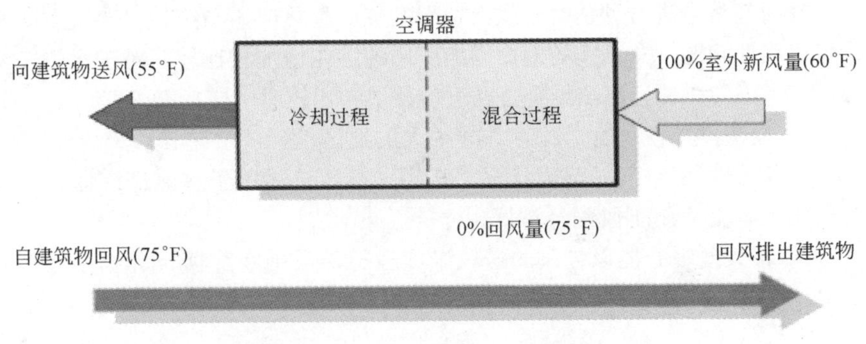

图 14.3　风侧经济器运行原理图

在室外空气湿度升高时，显热经济器(仅根据回风与新风干球温度的比较来控制新风摄入量)具有接纳室外潮湿空气的能力。这对除湿的设施可能费用较高，对无主动除湿的设施中的电子设备有潜在性危害。在需加湿的设施中，室外空气湿度低可能使费用较高，对无主动加湿的设施中的电子设备也产生潜在性危害。事实上，当要考虑加湿和除湿费用时，焓经济器(根据回风和室外新风的总热量或焓值的比较来控制室外新风摄入量)的节能性比显热经济器好。此外，焓经济器总是节能的，而显热经济器在某些气候条件下可能费能。由于这些原因，对数据中心或电信设施来说，焓经济器通常是最佳的选择。采用了此控制协议，甚至在东南地区的潮湿气候条件下，焓经济器也可节能。

然而，焓经济器的全部优点取决于湿度传感器的精确标定与维护。这些传感器要求比温度传感器更频繁地标定。如果维护不够，因风阀定位不准确，就有大量浪费能量和负面影响设施内环境的潜在性。

经济器运行虽节省了大量的能量，但节省的能耗费用可能部分被为确保可靠性而花在设备监控上的有关费用所抵消。关于使用较大量室外新风的潜在问题存在着一些相矛盾的观点。在已公布的信息中，有少量涉及到可能产生问题的严重性。例如，随着大量室外新风进入建筑物，有亚微粒子或较多量的气态污染物会增加设备污染。经济器运行如不受到正确控制，还可能会引起设施内环境状况的波动。尤其应关注的是提高了湿度值，吸湿尘埃再与受污设备结合在一起，可能导致故障。因此，尤其在都市区应采用合适的室外新风过滤器。

风侧经济器用于集中空气处理器比用于计算机房供冷常用的计算机房空气处理器(CRAH)更适合，因为集中空气处理器可以安装在如外墙或屋顶这种靠近室外新风源的位置上。

在对经济器进行评估时，供冷费用的减少量总应该与维护、建筑空间及设备可靠性问题——真实的寿命周期费用的潜在增加相比较。对于水侧经济器，应考虑与风侧经济器结合。在进行评估和比较时，应考虑以下几点：

- 经济器年使用百分比存在着很大的地区性(气候)差异。
- 依据环境空气的湿度状况，某些气候区较适用于水侧经济器，而某些气候区则更适用于风侧经济器。
- 若数据中心能以较高的送风温度运行，采用经济器(水侧与风侧)的百分比会显著增加。

14.9 室外空气通风

引入室外空气的主要目的是让其进入人员工作区，稀释会引起电子设备故障的挥发性有机化合物(VOCs)等内部产生的污染物(Felver 2001)。第二个目的是为了防止室外空气渗入而向房间提供正压。吸湿性尘粒的渗入在较高湿度的情况下尤其能成为电子设备过早出现故障的潜在原因。由于渗入的空气旁通了安装在 HVAC 设备内的过滤系统，因此增加了设施内空气的含尘量。

优化使用室外新风，可利用它作为免费冷却。然而，当气候状况不利时，减少室外新风量是节能的重要措施。

因电信环境内部产湿量较少(由于人数较少)，故室外新风量是影响室内湿度低或高的主要流入源，它对电信环境的影响最大。冬季时，室外新风过多，就需要一定比例的加湿量来保持所要求的相对湿度；在夏季，室外空气中的湿汽需要从空气中排出。Telordia 推荐的室外空气量相当于换气次数为 0.25 次/h，这样能避免如挥发性有机化合物这类室内空气携带的污染物的集聚，有害于敏感的电子设备（Weschler 和 Shields 1991）。

Telordia 的研究表明：电信集中机房加压过大也有缺点。以防止空气渗入为唯一目的而引入室外空气所带给建筑物的颗粒物比加了压让空气排出的颗粒物更多。要调节这些增加的新风也与额外的能源费用有关。然而，Telordia 并不想力求争取室内压力平衡值，而推荐保持一个较低的、可控的加压值 [0.01 in. w. g. (3Pa)]，以避免无意中失压（Herrlin 1997）。新风量与房间压力之间的关系可在 ASHRAE Fundamentals，chapter 27 中查阅（ASHRAE 2005e）。

14.10　部分负荷运行——产出

本节中有几个部分在试图保持供冷系统部分负荷节能运行中已讨论过。以下是这些讨论之外的另一些要点：

- **冷水机组变频装置**：在配置冷水机组的设施中，将变频冷水机组用在分级、并联的多台机组中，是一个降低能耗的有效方法。
- **压缩机分级**：作为任选件，许多制造商提供了各种变容量控制方法。压缩机在低负荷时，采用变容量控制通常比采用 on-off 运行效率高，且使控制也得到改善。
- **水泵变频装置**：如果泵送系统仅需提供一定压力与/或温度的流体，水泵采用变频装置可大大减少用能量。用分级、多台并联的水泵替代单台水泵是另一种节能方法。
- **冷凝器风机分级**：许多设施有多台冷凝器风扇用于实现供冷的目的。这些风机用能量很大，按一年中不同时间进行风机分级运行优化，可节约很多能量。还应对冷凝器风机分时运行、水泵用能及制冷系统效率进行权衡，以优化用能。
- **冷凝器风机变频装置**：为冷凝器风机安装变频装置也许比冷凝器风机分级运行能效更高。

14.11　室内气流分布

“一次通过”供冷意为冷空气在回到空调器之前通过电子设备仅一次，

这样可避免过冷或冷、热空气混合，对总热效率有利。热通道/冷通道协议是目前全球范围内电信集中机房和数据中心应用一次通过概念的常用方法(Telcordia 2001；ASHRAE，2009)。它的目的是通过将冷空气送入前通道，将设备热量直接排至后侧，以建立一个冷的前通道和一个热的后通道。热通道/冷通道协议通过地板送风、头部以上送风、水平置换通风和依赖于将风送入冷通道的其他任何方法得以实现。在冷通道/热通道配置中，当设备架或整个机架内无电子设备时，设置盲地板块是基本要求。每台设备和每个机柜的进风口与排风口位置是获得高热效率的重要考虑。供冷协议应支持冷通道/热通道协议。它通常表示空气要从设备前部送至设备后部或顶部。

热通道/冷通道协议对于不是将空气从设备前侧吸入从后侧/顶部排出的情况，就不能使设备很好地工作。当这样的机架增加时，必须采用其他供冷协议。一般来说，这类设备最好设置在设备房的独立区域内，这样，有关挑战可单独处理，其他设备可按热通道和冷通道设置。在挑战性区域内，常需要有能证明是合理的详细分析。

14.12 计算机房空调器——输配

计算机房空调器是通过将空气送入风道或送入头部以上空间，或直接送入房间，或送入架空地板下的空间来与数据中心内的气流相关联。计算机房空调器在气流输配方面的节能有如下内容：

• 高效的冷空气分布能使总风量和风机用能减小。只有充分理解部件的气流(服务器、机柜和计算机房空调器)及冷却要求，才可能进行优化。一般情况下，为了建立一个设施模型，这些信息必须编入 CFD 程序中，并进行参数研究，以在保持所需工况的同时使计算机房空调器的风量最小。

• 风机应规定采用高效率电机。

• 计算机房空调(CRAC)机组的送风机采用变频装置(VFD)驱动将降低风机用能。但应留意如风量减少太多，会产生潜在的热点和计算机房空调器冷却盘管的一些潜热冷却问题。还应注意直接膨胀型机组在小风量时盘管结冰的潜在性。

• 选择低压力降过滤器并定期维护可降低风机能耗。

• 设置局部供冷，如头部以上供冷模块，近热负荷处供冷风，通常可降低风机压头，从而降低空气输送能耗，但牺牲的是压缩机效率。

14.13　部分负荷运行——输配

数据中心和电信设施通常存在一个问题，即以单位地板面积多少 W 进行分摊的内热负荷有非常大的负荷、较小负荷或无负荷相混的问题。例如在同一个电信设备房内，某个区域可能空置着，而另一区域可能有 150W/ft^2 的负荷。随着客户的变化，将来的情况真有可能反过来。那么，如何设计一个系统在能应对这样大的负荷变化的同时又能保持高效运行呢?

在暖通空调行业中，许多用来取得部分负荷节能运行的标准方法总体来说可潜在地适用于电信与数据中心设施的设计和改造。设施设计/运行人员所关注的是确保这些选择方案不能对环境系统的可靠性或对服务于高热负荷特殊区域的系统的能力产生不利影响。其中的一些理念在 ASHRAE Handbook——HVAC Applications 的能量管理章节中及其他地方(LBNL 2005；PNL1990)有，现列出于下：

• **送风机变频装置(VFD)：** 低负荷时，计算机房空调(CRAC)机组或其他系统的送风机的转速可以降低，以节省风机用能。这种方式并不对所有制造商的设备均适用，还应关心向房间内可能有的高热负荷特殊区域送风要保持足够的静压箱压力。对于直接膨胀式机组，也应关注盘管的结冰问题。

• **隔离未使用区域：** 在空间明显利用不足的大房间内，将这些房间隔开，限定要供冷的区域是另外一种选择方案。它可能包括关闭利用不足的计算机房空调(CRAC)机组；在未使用区域内不安装计算机房空调(CRAC)机组，直到该区域真正安装了数据通信设备后才安装空调机组。采用该方法需要考虑的是分隔对房间(与/或架空地板下送风空间)压力和总风量的影响。

• **可变容量源：** 2002 年的一项研究结论是：在数据中心环境内，设计可变容量空调源能获得 25％或更多的节能量，可以采用的策略包括采用冷水、气缸卸载及变速驱动压缩机(Patel 2002)，也可用数字调节压缩机。

14.14　数据通信设备用能

设计数据通信设施是要接纳信息技术或电信设备并提供其电源需求量。设施设计与在设施内安置的电气设备的技术条件往往归属于业主组织中的不同部门负责。然而，要设计一个能效尽可能高的中心，应综合考虑这两个领域的特点。为了获得较高效率而选择的电气设备的费用增加，将被设施系统的规格和用能费用的减小所补偿，其结果是净费用节省或回报期很短。研究表明，服务器中的供电效率变化范围很大(LBNL 2005)。与效率不高的型号比较，供电节能 20%或更多是可能的。这些节省不但降低了信息技术设备的电耗而且还成比例地减少了冷负荷，另外还节省了能量和费用。通过协调的节能策略，那些负责电子设备分类的人会要求电气设备高效供电，并通过设施初投资和以后运行费用的节省很容易地证明额外增加的费用是合理的。

通过减小电力转换损失、减小电子设备闲置电源、减小处理器用能与风机用能等，可进一步提高用能效率。冗余策略也会影响能效，经过协调的冗余策略应适用于电子设备和设施系统。此外，还需要了解数据通信设施中所用电子设备的类别对设施系统和运行费用以及它们的能力会有很大影响。将能效作为一个选择标准可减小这种影响。

对于电信集中机房，估计约 75%的设施能耗与电子设备的供电有关。设备级的节能措施将对设备设施中的大多数能耗系统产生级联效应。1996 年的一项研究表明，电信设备的用能降低 25%～50%，一个典型的集中机房的年用能费用节省约分别为 10000 美元和 20000 美元。这些直接的节省会由于支持系统初投资减少和电子设备可靠性增加而增大。据估计，整个美国有 10000 个电话公司集中机房，按年能耗节省 25%计，就可省 1250000MWh，折合 1 亿美元。节能设备的引入将为电信设备运营者提供无与伦比的费用节省潜力(Herrlin 1996)。

设施设计人员对安装在设施中的电子设备可能没有许多控制知识，但在有几种方案的情况下，设备的能耗和环境类别会对设施用能和设施总预算产生重要影响。机房、计算机和电信设备对国家能源状况的影响在 2002 年的研究报告中已有所估计(Roth 等，2002；Koomey 等，2002)。

14.15 不间断电源(UPS)节能

不间断电源(Uninterruptible Power Supply—UPS)模块的部分负荷和满负荷能效变化很大，它取决于系统和模块的类型(LBNL 2005)。由于在正常运行时间和在断电期间所有数据通信设备的输入通常通过 UPS，若 UPS 模块的效率较低，则能量损失很大。提高 UPS 效率也会使冷负荷减小，UPS 的效率增加 5%，可使设施冷负荷以同样比例下降。因此，暖通空调专业人员应与电气专业的同伴密切合作，以确保选择高效的 UPS 设备。

14.16　应急技术

冰蓄冷是一门利用冷负荷的参差性在公用设施非峰值计费时段制备冰，在峰值计费时段使用所储藏冰的技术。此结果使公用设施的电力负荷需求减小。电信与数据中心趋于每天 24 小时、每周 7 天运行，电力消耗相当稳定。因此，采用冰蓄冷对数据中心似乎比“早 9 点，晚 5 点”运行的设施的吸引力较小。对于采用此项技术的计算机中心的设计，读者可参考 Silverling (1995)和 Lawson (1988)的文章。但配置冰蓄冷的驱动力多半是为了有一个独立于冷水机组运行的应急冷源。

与冰蓄冷概念相类似的技术是相变蓄冷。至少有一家公司在销售相变“电池”。它可用在小型设施中，就避免了以制冷剂为基础进行供冷。此理念是使“电池”在白天吸收房间内的热量，然后用辐射器在晚间较凉时将热量排向大气(Williamson 2001)。此项技术目前并不想应用在中型或大型设施中。

另外一项新技术是燃料电池，它为在现场联供热量和电力(CHP)提供了机会。稳定的负荷使得大型电信或数据中心成为热、电联供(CHP)的有吸引力的候选者。由于电信和数据中心有很大的内热负荷，故很少需要向房间供热。但是，来自热电联供系统的热量可用于运行吸收式冷水机组供冷。ASHRAE 论文集中最近的一篇文章详细论述了这项应急技术的前景(Ellisy 2002)。

液体冷却是有望降低用能费用的一项技术。由于水的单位体积热容量在标准工况(20℃和大气压)下大约是空气热容量的 3500 倍，故其输配费用能大大降低。

14.17　控制和能量管理

在许多既有设施中可以发现有大量浪费的能量，这常是由于要维持不必要的严格容差而使相邻的计算机房空调(CRAC)机组之间相互“争斗”。采用“Thermal Guidelines for Data Processing Environment (ASHRAE 2009)”中稍不严格的环境容差值可弱化此问题。包括网络单元、地板送风温度控制及另加监控点的控制策略应予以考虑，以识别和避免服务于数据设施的暖通空调系统之间的“争斗”，尤其是在架空地板房间内同一敞开区域中有热密度混合的情况下。

控制系统一直被用作减少能耗的手段。大多数新的设施采用了将控制和报告功能整合在一起的楼宇自动化系统。许多较新的系统是以网络为基础的系统，能进行报警报告、自动报告等(Lvanovich 2001)。

由于电信和数据中心，尤其是高热负荷的电信和数据通信中心，是一个能量密集的场所，所以主动能量管理程序具有重要意义。这类程序将采用有组织的方法来识别和分析节能机会(ECOS)、实施这些措施和跟踪报告系统，以确认实施和运行的合理性。有关能量管理的系统与方法的更多信息可在 ASHRA Handbook 的“Energy Use and Management”（ASHRAE 2003b）一章中查到。在每天 24 小时、每周 7 天的运行环境中，必须处理好节能机会(ECOS)对整个系统可靠性潜在影响的关注。

14.18 系统能量模拟

在人工计算能为性价比最好的环境系统设计提供一些初步引导的同时，用计算机模拟整个设施，包括环境系统不同方案，正日益普遍。美国能源部(USDOE)有一个网站，它列出了适用于整个建筑物的能量模拟软件(USDOE 2005a)和可被设施设计者所用的其他工具(USDOE 2005b)。对于电信与数据中心设施，系统能量模拟分析经常与计算流体动力学(CFD)模拟结合进行，以充分了解设施并有助于用能优化。

模拟一个设施需要非常详细地输入设施内设备的性能数据，暖通空调设备峰值负荷和部分负荷的效率曲线，设施运行时间表(电信和数据中心通常为每天 24 小时、每周 7 天运行)和温度/湿度设定表。建筑物建设情况和室外空气详细参数也是输入量。设施所在位置用于确定外部变量，还需输入公用设施的费率。

一般情况下，运行设施的基本模型是要获得供热和供冷的峰值负荷，提供年能耗基本数据。一旦建立了基本数据，如上所述，就可改变具体变量，例如加一个变频驱动装置(VFD)或加一个经济器循环，于是计算机便进行变参数后运行。输出数据可用于对改变方案后的设施与基础设施进行比较。如果改进的费用已知，则可得到每个替代方案的现净值（net present value—NPV），也可确定有关设备方案与运行设定值等的性价比。

暖通空调设备的效率通常由性能系数来确定。ASHRAE Handbook 中用 COP＝有用的制冷能力/外部能源的净输入能量来确定制冷循环性能系数(ASHRAE 2005a)。几乎所有的设备制造商被要求依据 *COP* 或 *EER* 来标定他们的设备。*EER*，或称能效比被定义为输出总冷量(以英热单位[Btu] 表示)除以输入总能量(以瓦特—小时表示)。所以，了解定义中所含什么辅助设备是很重要的。系统能量模拟可以令人确信：所有辅助部件已被计入，用能底线也已获得。

附录 A
2008 ASHRAE 数据通信设备环境指南——扩大热环境参数推荐的包络区[1]

为IT设备推荐的热环境要求范围列于ASHRAE的“数据处理环境热指南(Thermal Guidelines For Data Processing Environment(2004))”中。这些推荐工况和允许工况是指数据通信设备的进风工况，特别是它列出了ASHRAE 1级与2级(数据中心的类型、海拔高度、热环境参数推荐值与允许值详见“热指南”)推荐的热环境参数范围为干球温度20～25℃；相对湿度为40％～55％(1级范围后见图A.1)。

为了使设备运行有更大的灵活性，尤其是以减少数据通信的能耗为目标，ASHRAE TC9.9作出了努力去修改这些设备的热环境参数推荐值，特别是1级、2级热环境参数推荐值(这两种级别的热环境要求相同)。这样努力的结果(详见附录)是扩大了运行热环境参数推荐的包络范围，其目的是为数据通信运行者提供能保持数据通信高可靠性和运行更节能的指南。IT设备允许的包络线是设备制造商为验证设备性能的热性能参数边界。制造商在宣布产品性能前须进行许多测试，以验证它在此热环境范围内能满足所有功能要求。这并不说明可靠性，而是IT设备的功能度之一。IT设备制造商推荐数据中心操作人员要使环境参数保持在推荐的范围内，以延长设备的使用期。虽然短时超出推荐的范围值不应是一个问题，但数月运行在接近允许限值的情况下会引起可靠性问题。在审视了从许多IT设备制造商处获得的资料后，2008扩大热环境参数推荐的包络区是所有IT设备制造商一致接受的热环境范围值，IT设备运行在此环境内不会损害其综合可靠性。用户热环境先前推荐的数据与2008推荐的数据见表A.1。

---

[1] 该附录修改了第一版“数据处理环境热指南(ASHRAE 2004)”一书中所含内容，仅供参考。

2004与2008热环境参数包络区推荐数据比较 **表 A.1**

	2004	2008
低端温度	20℃(68℉)	18℃(64.4℉)
高端温度	25℃(77℉)	27℃(80.6℉)
低端相对湿度	40% RH	DP5.5℃(41.9℉)
高端相对湿度	55% RH	69% RH，DP15℃(59℉)

注：DP—露点温度。

不管是2004或2008推荐的运行热环境，都不能确保数据中心运行在最佳效率工况。在推荐值范围内，根据冷却系统、设计与室外环境条件，运行效率是变化的。例如，当数据中心内的环境温度上升时，一些数据通信设备内的热管理算法会增加空气流动装置的转速，以补偿较高的进风温度，潜在地抵消了由于环境温度较高获得的节能效果。因此，以合适的工程经验去审视和确定系统的理想工作点是每位数据中心操作者的责任，它包括考虑所推荐的热环境参数范围和现场具体情况。当采用制冷冷却过程时，使用推荐的整个包络区并不是最节能的。例如，包络区上部的露点温度高，导致在冷却盘管上出现潜热冷却(产生冷凝水)，尤其在直接膨胀(DX)机组中。对于冷却系统来说，潜热冷却减少了可用显热冷却容量，在许多情况下就需要用加湿来替代从空气中去湿。

本书中的热环境参数范围适应于数据中心内各种设备进风口处(除IT设备制造商另规定范围外)。需注意的是，为了IT设备机架顶部状况，要确保有合适的设备进口处工况。在许多数据中心内，设备的进风温度有造成机架顶部过热的趋势，尤其是热机架的排风无直接回风通道让其回到计算机房空调器(CRACs)的情况。在这种情况下，较热的空气也会影响相对湿度，导致机组顶部相对湿度较低。

在焓湿图上，空气温度一般沿水平线变化，此时绝对湿度保持不变，但相对湿度下降。

最后应记住：2008将推荐的温度上限值从25℃(77℉)改为27℃(80.6℉)会对数据中心内的噪声级有不利影响。有关此影响的讨论见本附录后面“噪声级”这一节内容。

2008推荐的热环境参数包络区如图A.1所示，选择此包络区边界的背景叙述如下：

1. 干球温度限值

选择新的低限和高限温度值的部分基础是因为它是基于NEB GR-3028-CORE(Telcordia 2001)通信行业集中机房普遍接受的实践，与在此规定的

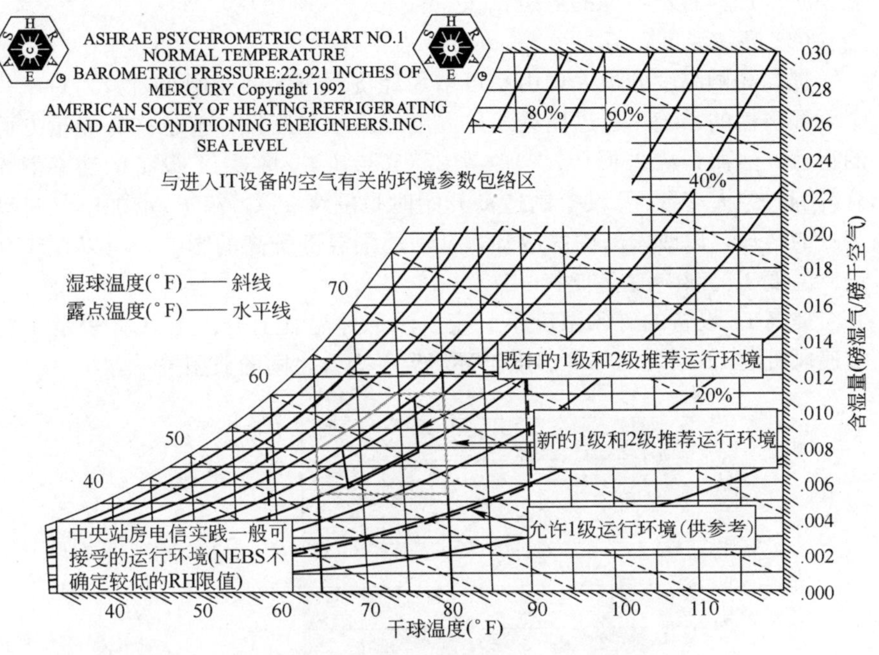

图 A.1 2008 推荐的环境包络区(新的 1 级与 2 级)

一样采用干球温度限值。此外，这一选择为全世界集中机房电子通信设备可靠运行提供了优越性。

(1) 低端温度限值

从 IT 的观点看，它并不关心将干球温度低限推荐值从 20℃(68℉)改为 18℃(64.4℉)。在有恒速空气流动装置的设备中，设施温降 2℃(3.6℉)将导致所有部件温降约 2℃(3.6℉)。即使采用空气流动变速装置，但在此温度范围内一般不会引起变速，所以部件温度也会有 2℃(3.6℉)的温降。降低推荐温度值的一个原因是通过不需要用热回风混合来保持原先推荐的 20℃(68℉)限值来延伸经济器系统的控制范围。较低的限值不应解释为运行温度推荐降低，因为这会增加冷水机组的运行时间，增加能耗。一个无经济器的供冷系统运行在 18℃(64.4℉)时，多半会受到能量的惩罚(采用无经济器供冷系统由于风量管理很差，会使机架进风温度范围很宽，然而，固定风量有可能是减少能耗的第一步)。当机组的回风温度作为房间温度设定值时，推荐的温度范围不应直接应用。因为它会因房间过冷而使能耗费用较高。推荐的温度范围是用于 IT 设备的进口处。如果推荐的温度范围用作回风温度设定值，则低端的温度范围 18～20℃(64.4～68℉)会使直接膨胀系统增加盘管被冰冻的危险。

(2) 高端温度限值

提高高侧温度的最大理由是可增加经济器每年的使用小时数，对于一个无经济器的系统，通过提高送风温度或冷水温度设计值也许有能量方面的得益。然而，从 25℃(77℉)改为 27℃(80.6℉)将对 IT 设备的功率消耗有影响。绝大多数 IT 设备制造商开始时是围绕 25℃(77℉)增加空气流动装置的转速，以改善部件的冷却，抵消周围温度升高的影响，所以在较高进风温度工况影响前应加小心。

提高 IT 设备的进风温度不一定表示部件温度上升。图 A.2 表示了配定速风机的 IT 系统的部件温度与环境温度上升之间的典型关系。

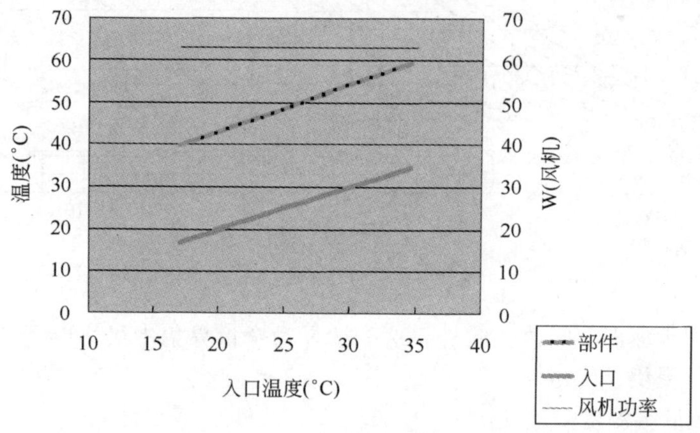

图 A.2 风机固定转速时的进风温度与部件温度

在图 A.2 中，部件温度比 17℃的进风温度高 21.5℃；比 38℃的进风环境温度高 23.8℃；部件温度非常紧密地跟踪着进风环境温度。

图 A.3 是对一个风机有变速控制的系统中典型部件反应的研究结果。在部件温度较低时，变速风机减小风量，以求节能。理想的风机控制能优化风机功率的减少量，使之减少到部件温度仍然在制造商规定的范围内(即风机转速减慢到部件温度在进风温度变化较大的范围内保持恒定)。

这一特殊系统在进风温度高达约 23℃前是定风量的。当进风温度低于此值时，部件温度紧密追踪环境温度；当进风温度高于此值时，风机调整风量，使部件温度保持相对恒定。

这组数据提出了几个重要的注意点：

1) 在低于某一进风温度值(上述情况下是 23℃)时，采用空气流动变速装置的 IT 系统具有恒定的风机功率，其部件温度相当紧密地跟踪着环境温度的变化。不采用空气流动变速装置的系统是在环境温度所允许的整个范围内跟踪着环境温度。

2）当环境温度高于某一值(上述情况下是 23℃)时，空气流动装置的转速增大，使之十分恒定地保持部件温度值。在此情况下，进风温度的变化几乎不影响温度，不影响其可靠性，因为部件温度不因环境温度的变化而受到影响。

3）采用空气流动变速装置的 IT 设备的优点是：

① 随着环境温度的改变，能减小对部件可靠性的影响。

② 能加大节能的潜力，尤其在利用经济器的设施中。

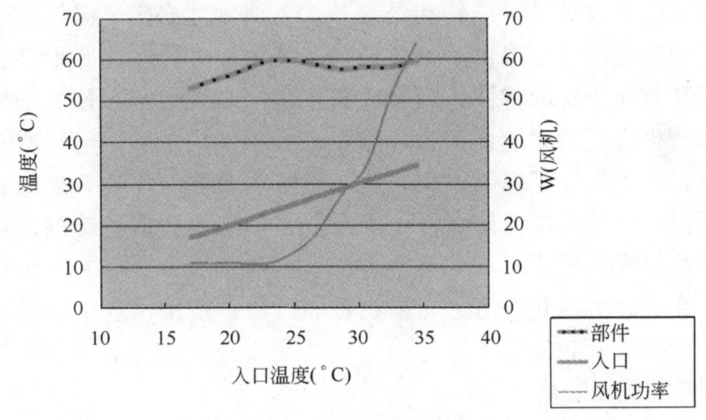

图 A.3 风机变速时的进风温度与部件温度

如图 A.3 所示，IT 设备的风机功率会因入口进风温度上升、风机转速加大而大大增加。图中显示，在部件温度近乎恒定时，风机功率增大。在此情况下，风机功率从进风温度约 23℃时的 11W 增加到进风温度为 35℃时的 60W。供电效率不高甚至会导致系统电力增加较大。在较高的环境温度下，整个机房的电力(设施＋设备)也会实在地加大。当系统的环境温度接近 ASHRAE 推荐的温度上限时，应向 IT 设备制造商咨询。有关环境温度升高后影响的评估见 Patterson(2008)的论文。文中表明：在标准的数据中心内，环境温度升高会切实地增加能耗，但在供冷系统有经济器的数据中心内，用能量会减少。

由于 1 级、2 级数据中心的最高允许温度是随着它所处海拔高度的升高而降低，故在海拔 1800m(5906ft)以上，每升高 300m(984ft)推荐的最高允许温度降低 1℃(1.8℉)。

2. 湿度限值

(1) 高端湿度限值

根据对印刷电路板层压材料所做的大范围可靠性试验表明，导电阳极纤维(conductive anode filament-CAF)的伸长与相对湿度有很大的关系(Sauterd(2001)的论文)。随着湿度的增大，故障时间迅速减少。相对湿度大于60％的时间延长，会导致故障，尤其是在目前许多设计中要求减少导体之间间距的情况下。CAF的机理涉及到通道建立后电解质的迁移。通道形成可能是由于湿气的驱动使内纤维键断裂，它支持了电解质的迁移，并说明了湿气为何会对CAF的形成是如此重要。上部湿度区对磁盘与磁带驱动器也是重要的。在磁盘驱动器中，存在着高湿度下磁头可飞性和腐蚀的问题。在磁带驱动器中，高湿度会增强磁带的摩擦特性，增加磁头的磨损和腐蚀。高湿度与大气中常见的污染物相结合是大气腐蚀之必需。湿气在表面形成单层水，它为腐蚀过程提供了电解质。60％的相对湿度伴有足够多的单层水，开始具有流体状的特性。当湿度超过了污染物的饱和盐的临界平衡湿度时，便产生吸湿的腐蚀性产物，然而进一步强化了酸—电解质表面潮湿性的形成，大大加速了腐蚀过程。虽然磁盘驱动器内部具有控制和抑制污染物的手段，但使湿度保持在低于因有许多单层水造成危险的湿度值，将会延迟腐蚀过程的形成。

为了在推荐值与允许值之间提供足够的防护范围，规定最高的推荐露点温度值为15℃(59℉)。

(2) 低端湿度限值

有较低湿度限值的动力是要每年获得大量不需要加湿(涉及能耗)的小时数。以前推荐的湿度低限值为40％，它在焓湿图上对应的干球温度20℃(68℉)，露点温度5.5℃(41.9℉)(包络区左侧低点)和干球温度25℃(77℉)，露点温度10.5℃(50.9℉)(包络区右侧低点)。空气越干燥，静电释放(ESD)的危险性越大。降低湿度所关心的主要问题是静电释放的强度增大了。这种高电压的释放有可能对电子设备的运行造成严重影响，产生需要维修的错误工况，有时会发生有形的损坏。在非常干燥的环境中，设备表面会产生数千伏的静电。当有放电通路时，如维护活动，这样大的电击会损坏灵敏的电子设备。若湿度降得太低，一些静电散逸材料会丧失散逸电荷的能力，然后成为绝缘体。

静电释放的机理和空气中湿度的影响还未被广泛地知晓。Montoya(2002)的论文表明，通过参量研究，静电释放的电压级是空气的露点温度或空气中绝对湿度的函数，而不是相对湿度的函数。Simonic(1982)花了一年的时间对各种温度与湿度工况下所发生的静电释放事件进行了研究，并发现在许多事件中静电释放事件有很大增加，它取决于空气中的含湿量(冬季与夏季比较)。影响静电释放的重要参数究竟是绝对湿度还是相对湿度并不清楚。

Blinde 与 Lavioe(1998)研究了几种材料对静电消散的作用，就绝对湿度而言，不足以要规定环境对静电的防护，也不足以要规定相对湿度，因为是温度影响了静电释放的参数，而不是空气中的含湿量。

2004 推荐的范围包括了低至 5.5℃(41.9℉)的露点温度。经过与 IT 设备制造商进行讨论，表明在 2004 推荐的热环境参数限值内，尚未有静电释放的报道。此外，有关静电释放机理的参考资料(Montoya 2002，Simonic 1982，Blinde 与 Lovio 1981)也未提出静电的产生和释放与相对湿度有直接关联。但 Montoya(2002)的论文表明，露点温度与静电的产生与释放有很大的关系，并提出了根据最低露点温度(不是最低相对湿度)确定湿度低限值。因此，2008 推荐的低限值是一条从干球温度 18℃(64.4℉)、露点温度 5.5℃(41.9℉)到干球温度 27℃(80.6℉)、露点温度 5.5℃(41.9℉)的直线。当露点温度为 5.5℃(41.9℉)而干球温度在此范围内变化时，相对湿度大约从 25%变化到 45%。

这样改变的另一个切实好处是：在焓湿图的这一区域内，数据中心的工艺改变和 HVAC 系统的处理过程改变一般只是显热(在焓湿图上呈水平线)的改变，限定相对湿度将使控制和供冷系统运行大大复杂化，还可能在房间内空气的露点温度已高于所需值时，为了保持相对湿度要求仍需要加湿，增加了能耗费用。为了避免这种复杂化的情况，采用 2004 指南常使经济器运行小时数受到限制。

ASHRAE 正在制定一项研究工程来调查湿度与静电释放的关系，以希望在未来将推荐范围内的湿度降得更低。静电释放和低湿度会导致润滑剂干化，不利地运行一些部件。可能的示例有电动机、磁盘驱动器、磁带驱动器等。在制造商们表明接受本书中的环境参数范围扩大的同时，有些制造商表示要对进一步扩大的范围予以关注。对磁带驱动器在低湿度下的另一项关注是由于静电的产生，在磁带上、磁头与起带机构周围有集聚碎屑的可能性。

3. 噪声级

ASHRAE 向数据通信设施推荐扩大环境参数包络区也许会对噪声级有影响。这些年来，高端数据中心的噪声级在稳定地增大，并受到数据中心管理者与业主的广泛关注。有关这方面的背景与讨论可见本书的第 9 章。噪声级的增大明显是数据中心内的新设备、高端设备供冷需求增加的结果。关注的增加源于数据中心内的噪声级正在接近或超过规定场所的噪声限值。

例如，强制性的规定有：美国的“职业安全与卫生管理署”，或欧洲的“计算机管理条例”。风机的经验定律一般预计空气流动装置的声功率级是随风机转速的5次方而增加。这意味着转速增加20%（如从3000r/min增大到3600r/min），噪声增加4dB。虽然数据中心内温度可能升高2℃（3.6℉）时对噪声级的影响是不可能预测的，但可期望有3～5dB的增加并非不合理。因此，数据中心管理者与业主在潜在能效与推荐的运行新环境以及潜在噪声级增加之间应进行权衡。

关于规定场所的噪声限值和防止雇员潜在的听力损害，数据中心的管理者应检查环境中噪声值的潜在改变是否会使它们去违反当地、州或国家规范所确定的各种“影响级”限值。应咨询实际的规定，因为这些问题是复杂的，而且要充分进行解释已经超出了本书的范围。例如，当噪声级超过85dB(A)时，听对话节目是要批准的。处理这种事情很费钱，一般涉及基础听力测试、噪声级监测或声辐射测定、噪声伤害标记、教学与培训。当噪声级超过了87dB(A)（在欧洲）或90dB(A)（在美国），必须进一步采取措施，例如有强制性听力防护措施、人员轮流值班或有工程控制措施。数据中心管理者应向声学或工业卫生专家咨询，以确定噪声暴露问题是否是由于环境温度按照了2008推荐的上限值而产生的结果。

4. 数据中心按ASHRAE 2008推荐的限值的运行情况

推荐的ASHRAE指南是为了IT设备可靠运行，为IT设备操作者提供进风工况指南。数据通信中的运行者也许会选择如下可能在所推荐的环境参数包络区之外的运行情况：

(1) 情况1：延长经济器年使用时间至硬件不致发生故障的范围内。

运行工况短时在推荐的包络区之外，并接近允许的极限值是可以接受的。所有制造商进行过测试，以验证硬件在允许限值时的性能。例如在夏季月份，如果需要用经济器运行的时间比运行冷水机组的时间更长，只要数据中心设备进风温度较高的时间每年不超过数天，这应该是可以接受的，否则设备的长期可靠性会受到影响。此外，接近在允许范围的较上部处运行有可能导致IT设备的温度报警。

(2) 情况2：扩大经济器每年的使用时间，允许硬件有有限的故障。

所有制造商进行过测试，以验证硬件在允许限值时的性能。例如在夏季，如果需要用经济器运行的时间比运行冷水机组的时间更长，如果数据中心运行接受硬件有周期性故障，则延长在允许限值或接近限值运行的时间也许是可以接受的。至于在什么场合下运行在允许和推荐的包络区内以及运行多长时间，这当然是一项商务决策。此外，接近在允许范围的较上部处运行有可能导致 IT 设备的温度报警。

(3) 情况 3：供冷系统故障或供冷设备维修。

如果系统是按照在推荐的环境范围内运行进行设计的，则运行在推荐的包络区之外，或在故障期间运行在接近极端允许工况，这应该是可接受的。所有制造商进行过测试，以验证硬件在允许限值时的性能。例如，若数据中心内的模块型计算机房空调机组有故障，近机架的进风温度虽上升到超出了推荐的限值，但仍在允许的限值内，这在故障部件修复前短时间内是可以接受的。对于这类故障，只要在行业允许的正常时间内修复，应该是可以接受的。此外，接近在允许范围的较上部处运行有可能会导致 IT 设备的温度报警。

(4) 情况 4：添加了新服务器，使环境参数超出了推荐的包络区

在短时间内，应该允许运行超出推荐的包络区，并接近允许的包络区的极端处。所有制造商进行过测试，以验证硬件在允许限值时的性能。例如，另加的服务器是加在数据中心的一个区域内，使服务器的进风温度上升到超过了推荐的限值，达到了允许限值，这应该是短时可以接受的，直到通风得到了改善。虽然运行在推荐的包络区外的时间长短有点随意，但数天是可以接受的。此外，接近在允许范围的较上部处运行有可能会导致 IT 设备的温度报警。

参考资料

ASHRAE. Thermal Guidelines for Data Processing Environments. Atlanta：American Society of Heating Refrigerating and Air-Conditioning Engineers，Inc.，2004

ASHRAE. Design Consideration for Datacom Equipment Centers. Atlanta：American Society of Heating Refrigerating and Air-Conditioning Engineers，Inc.，2005

Blinde，D，and L. Lavoie. Quantative effects of Relative and absolute humidity on ESD generation/suppression. Preceedings of EOS/ESD Symposium，1981，3：9～13

Montoya. Sematech electrostatic discharge impact and control worshop，Austin，Texas，2003. Http：//ismi. sematech. org/meetings/archives/other/20021014/montoya. pdf.

Patterson，M. K. The effect of center temperature on energy efficiency.

Proceeding of Itherm Conference, Orlando, florida, 2008

Souter, K. Electrochemical migration testing results-Evaluating printed circuit board design, manufacturing process and laminate material impacts on CAF resistance. Proceeding of IPC Printed Circuits Expo, Anaheim, CA., 2001

Simonic, R. ESD event raes for metallic covered floor standing information processing machines. Proceedings of the IEEE EMC Symposium, Santa Clara, CA, 1982: 191~98

Telcordia. GR-3028-CORE, Thermal management in telecommunications center office. Telcordia Technologies Generic Requirements, Issue1. Piscataway, NJ: Telcordia Technologies, Inc., 2001

参考文献

ARI. 1998. *ARI Standard 550/590-98, Standard for Water Chilling Packages Using the Vapor Compression Cycle*. http://www.ari.org/wp/550.590-98wp.pdf.

ASHRAE. 1992. *Standard 52.1-1992, Gravimetric and Dust-Spot Procedures for Testing Air-Cleaning Devices Used in General Ventilation for Removing Particulate Matter*. Atlanta: American Society of Heating, Refrigerating and Air-Conditioning Engineers, Inc.

ASHRAE. 1996. *ASHRAE Guideline 1-1996, The HVAC Commissioning Process*. Atlanta: American Society of Heating, Refrigerating and Air-Conditioning Engineers, Inc.

ASHRAE. 1999. *ANSI/ASHRAE Standard 52.2-1999, Method of Testing General Ventilation Air-Cleaning Devices for Removal Efficiency by Particle Size*. Atlanta: American Society of Heating, Refrigerating and Air-Conditioning Engineers, Inc.

ASHRAE. 2001. *ANSI/ASHRAE Standard 127-2001, Method of testing for rating computer and data processing room unitary air conditioners*. Atlanta: American Society of Heating, Refrigerating and Air-Conditioning Engineers, Inc.

ASHRAE. 2001a. ASHRAE RP-1133, How to verify, validate, and report indoor environmental modeling CFD. Atlanta: American Society of Heating, Refrigerating and Air-Conditioning Engineers, Inc.

ASHRAE. 2003a. *2003 ASHRAE Handbook—HVAC Applications*, chapter 17, Data processing and electronic office areas, Table 1. Atlanta: American Society of Heating, Refrigerating and Air-Conditioning Engineers, Inc.

ASHRAE. 2003b. *2003 ASHRAE Handbook—HVAC Applications*, chapter 35, Energy use and management.

ASHRAE. 2003c. *2003 ASHRAE Handbook—HVAC Applications*, chapter 41, Supervisory control strategies and optimization.

ASHRAE. 2003d. *2003 ASHRAE Handbook—HVAC Applications*, chapter 42, New building commissioning.

ASHRAE 2003e. *2003 ASHRAE—HVAC Handbook Applications*, chapter 47, Sound and vibration control.

ASHRAE. 2003f. *2003 ASHRAE Handbook—HVAC Applications*, chapter 49, Water treatment.

ASHRAE. 2003g. *2003 ASHRAE Handbook—HVAC Applications*, chapter 54, Seismic and wind restraint design.

ASHRAE. 2003h. Risk Management Guidance for Health, Safety and Environmental Security Under Extraordinary Incidents. Atlanta: American Society of Heating, Refrigerating and Air-Conditioning Engineers, Inc.

ASHRAE. 2004a. *2004 ASHRAE Handbook—HVAC Systems and Equipment*, chapter 12, Hydronic heating and cooling system design. Atlanta: American Society of Heating, Refrigerating and Air-Conditioning Engineers, Inc.

ASHRAE. 2004b. *2004 ASHRAE Handbook—HVAC Systems and Equipment*, chapter 13, Condenser water systems.

ASHRAE. 2004c. *2004 ASHRAE Handbook—HVAC Systems and Equipment*, chapter 18, Fans.

ASHRAE. 2004d. *2004 ASHRAE Handbook—HVAC Systems and Equipment*, chapter 20, Humidifiers.

ASHRAE. 2004e. *2004 ASHRAE Handbook—HVAC Systems and Equipment*, chapter 21, Air-cooling and dehumidifying coils.

ASHRAE. 2004f. *2004 ASHRAE Handbook—HVAC Systems and Equipment*, chapter 38, Liquid chilling systems.

ASHRAE. 2004g. *2004 ASHRAE Handbook—HVAC Systems and Equipment*, chapter 39, Centrifugal pumps.

ASHRAE. 2004h. *Thermal Guidelines for Data Processing Environments*. Atlanta: American Society of Heating, Refrigerating and Air-Conditioning Engineers, Inc.

ASHRAE. 2004i. *ANSI/ASHRAE/IESNA Standard 90.1-2004*, *Energy*

Standard for Buildings Except Low-Rise Residential Buildings. Atlanta: American Society of Heating, Refrigerating and Air-Conditioning Engineers, Inc.

ASHRAE. 2004j. *ANSI/ASHRAE Standard 62.1-2004, Ventilation for Acceptable Indoor Air Quality*. Atlanta: American Society of Heating, Refrigerating and Air-Conditioning Engineers, Inc.

ASHRAE. 2005a. *2005 ASHRAE Handbook—Fundamentals*, chapter 1, Thermodynamics and refrigeration cycles. Atlanta: American Society of Heating, Refrigerating and Air-Conditioning Engineers, Inc.

ASHRAE. 2005b. *2005 ASHRAE Handbook—Fundamentals*, chapter 2, Fluid flow.

ASHRAE. 2005c. *2005 ASHRAE Handbook—Fundamentals*, chapter 7, Sound and vibration.

ASHRAE. 2005d. *2005 ASHRAE Handbook—Fundamentals*, chapter 25, Thermal and water vapor transmission data.

ASHRAE, 2005e. *2005 ASHRAE Handbook—Fundamentals*, chapter 27, Ventilation and Infiltration.

ASHRAE. 2005f. *2005 ASHRAE Handbook—Fundamentals*, chapter 30, Nonresidential cooling and heating load calculation procedures.

ASHRAE. 2005g. *2005 ASHRAE Handbook—Fundamentals*, chapter 31, Fenestration.

ASHRAE. 2005h. *2005 ASHRAE Handbook—Fundamentals*, chapter 34, Indoor environmental modeling.

ASHRAE. 2005i. *Datacom Equipment Power Trends and Applications*. Atlanta: American Society of Heating, Refrigerating and Air-Conditioning Engineers, Inc.

ASHRAE. 2005j. *ASHRAE Guideline 0-2005, The Commissioning Process*. Atlanta: American Society of Heating, Refrigerating and Air-Conditioning Engineers, Inc.

ASTM. 1997. *ASTM E 814, Standard Method of Fire Tests of Through-Penetration Fire Stops*. West Conshohocken, PA: American Society for Testing and Materials.

ASTM. 1999. *ASTM E 136, Standard Test Method for Behavior of Materials in a Vertical Tube Furnace at 750℃*. West Conshohocken, PA:

American Society for Testing and Materials.

ASTM. 2003. *C1055-03*, *Standard Guide for Heated System Surface Conditions that Produce Contact Burn Injuries*. West Conshohocken, PA: American Society for Testing and Materials.

Awbi, H. B., and G. Gan. 1994. Prediction of airflow and thermal comfort in offices. *ASHRAE Journal* 36(2): 17-21.

Bash, C. E., C. D. Patel, and R. K. Sharma. 2003. Efficient thermal management of data centers—Immediate and long—term research needs. *HVAC&R Research* 9(2): 137-152.

Beaty, D. L. 2004. Liquid cooling—Friend or foe. *ASHRAE Transactions* 110 (2): 643-652.

Beaty, D. L, and R. Schmidt. 2004. Back to the future: Liquid cooling data center considerations. *ASHRAE Journal* 46(12): 42-48.

Beaty, D. L. 2005. Reliability engineering for datacom cooling systems, *ASHRAE Transactions* 111(1): 945-953.

Brill, K., E. Orchowski, and L. Strong. 2002. *Product Certification for Fault-Tolerance Is Essential for Verification of High Availability*. The Uptime Institute.

Berglund, B., T. Lindvall, and D. H. Schwela. 1999. *Guidelines for Community Noise*. Geneva: World Health Organization (available at http: //www. who. int/docstore/peh/noise/guidelines2).

Cinato, P., et al. 1998. An innovative approach to the environmental system design for TLC rooms in Telecom Italia. *INTELEC 1998*.

Concha-Barrientos, M., D. Campbell-Lendrum, and K. Steenland. 2004. *Occupational Noise: Assessing the Burden of Disease from Work-Related Hearing Impairment at National and Local Levels*. World Health Organization [ISBN 92 4 159192 7] (available at http: //www. who. int/quantifying _ ehimpacts/publications/9241591927/en/).

Conner, M. C, and L. Hannauer. 1988. Computer center design. *ASHRAE Journal*, April, pp. 20-27.

ECMA. 2003. *Standard ECMA-74*, *Measurement of Airborne Noise Emitted by Information Technology and Telecommunications Equipment*, 8th ed. (December 2003) ECMA International. http: //www. ecma-international. org/publications/standards/Ecma-074. htm

EIA. 1992. EIA-310, revision D, Sept. 1, 1992: Racks, panels and associated equipment. Arlington, VA: Electronic Industries Alliance.

Ellis, M. 2002. Status of fuel cell systems for combined heat and power applications in buildings. *ASHRAE Transactions* 108(1): 1032-1044.

EPA. 1990. Clean Air Act amendment. US Environmental Protection Agency. http://www.epa.gov/air/oaq_caa.html/.

Eto, J. H., and C. Meyer. 1988. The HVAC costs of fresh air ventilation. *ASHRAE Journal*, September, pp. 31-35.

ETSI. 1997. *Standard ETS 300 753, Acoustic Noise Emitted by Telecommunications Equipment*. European Telecommunication Standards Institute, 1997 October 01. (available at http://webapp.etsi.org/workprogram/Report_Workltem.asp?WKI_ID=3392).

ETSI. 2004. *EN 300 019-1-3 V2.2.2, Environmental Conditions and Environmental Tests for Telecommunications Equipment*, Part 1-3: Classification of Environmental Conditions, Stationary Use at Weatherprotected Locations, July. European Telecommunication Standards Institute.

European Union. 2003. EU Directive 2003/10/EC of the European Parliament and of the Council of 6 February 2003 on the minimum health and safety requirements regarding the exposure of workers to the risks arising from physical agents (noise). Available at http://europa.eu.int/eur-lex/pri/en/oj/dat/2003/1_042/1_04220030215en00380044.pdfj.

Felver, T. G., M. Scofield, and K. Dunnavant. 2001. Cooling California's computer centers. *HPAC Heating, Piping, Air Conditioning Engineering* 73(3): 59-63(March).

Frank, W. W. 1994. Control of the environment in electrical equipment rooms in the metals industry. *IEEE Transactions on Industry Applications* 30(6): 1456-1461(November/December).

Frey, R. A., B. D. Notohardjono, and R. Sullivan. 2000. Earthquake simulation tests on server computers. PVP, 402(2): 1-8.

Griner, J. 1994. What the HEPA can and Cannot do. *Cleanrooms*, July.

Harris, C. M., ed. 1994. *Noise Control in Buildings*. New York: Wiley.

Herrlin, M. K. 1996. Economic benefits of energy savings associated with (1) energy-efficient telecommunications equipment and (2) appropriate environmental controls. *Intelec '96, Boston, MA, Oct. 6-10, 1996*.

Herrlin, M. K. 1997. The pressurized telecommunications central office: IAQ and energy consumption. *Healthy Buildings/IAQ '97, Washington DC, Sept. 27-Oct. 2, 1997.*

Herrlin, M. K. 1998. Reduced operating temperature levels in telecommunications huts and vaults: Energy and battery costs. *Intelec' 98, San Francisco, CA, Oct. 4-8, 1998.*

Herrlin, M. K. 2005. Rack cooling effectiveness in data centers and telecom central offices: The Rack Cooling Index(RCI). *ASHRAE Transactions* 111(2): 725-731.

IBM. 1992. IBM Corporate Bulletin 1-9711-009, Earthquake Resistance for IBM Hardware Products, Guideline for Design and Testing(February).

IBM. 2001. IBM Corporate Standard C-S 1-3705-001, Machine Mobility, Stability, Size and Mass Design Requirements(August).

IEC. 2001. *IEC 60529, Degrees of Protection Provided by Enclosures*, edition 2.1. International Electrotechnical Commission.

IEC. 2002. *60721-3-3. 2002, Classification of groups of environmental parameters and their severities—Stationary use at weather-protected locations*. International Electrotechnical Commission(October).

IEEE. 1990. *IEEE Standard Computer Dictionary: A Compilation of IEEE Standard Computer Glossaries*. New York: Institute of Electrical and Electronics Engineers.

IEEE. 2002a. *IEEE Standard 484, Recommended Practice for Installation Design and Installation of Vented Lead-Acid Storage Batteries for Stationary Applications*. Institute of Electrical and Electronics Engineers.

IEEE. 2002b. *IEEE Standard 1187, Recommended Practice for Installation Design and Installation of Valve-Regulated Lead-Acid Storage Batteries for Stationary Applications*. Institute of Electrical and Electronics Engineers.

IEEE. 2005. Standard 1635, Guide for the Ventilation and Thermal Management of Stationary Battery Installations(draft issue). Institute of Electrical and Electronics Engineers.

ISA. 1985. Document S71.04-1985, *Environmental Conditions for Process Measurement and Control Systems: Airborne Contaminants*. Triangle Park, NC: The Instrumentation, Systems and Automation Society.

ISO. 1985. *ISO 7574, Acoustics—Statistical Methods for Determining and Verifying Stated Noise Emission Values of Machinery and Equipment*, Parts 1, 2, 3 and 4. International Standards Organization.

ISO. 1988. *ISO 9296, Acoustics—Declared Noise Emission Values of Computer and Business Equipment*. International Standards Organization.

ISO. 1999a. *ISO 7779, Acoustics—Measurement of Airborne Noise Emitted By Information Technology And Telecommunications Equipment*, 2d ed. International Standards Organization.

ISO. 1999b. *ISO 14644-1, Cleanrooms and Associated Controlled Environments—Part I: Classification of Air Cleanliness*. Technical Committee 209 of the International Standards Organization.

ISO. 2000. *ISO 14644-2, Cleanrooms and Associated Controlled Environments—Part 2: Specifications for Testing And Monitoring To Prove Continued Compliance with ISO 14644-1*. Technical Committee 209 of the International Standards Organization.

Ivanovich, M., and S. Arnold. 2001. 20 questions about WACS(Web-accessible control systems) answered. *HPAC Engineering*, April(Part 1), pp. 28-38, and May(Part 2), pp. 59-64.

Jones, D. A. 1992. *Principles and Prevention of Corrosion*. New York: Macmillan Pub. Co.

Kang, S., R. R. Schmidt, K. M. Kelkar, A. Radmehr., and S. V. Patankar. 2001. A methodology for the design of perforated tiles in raised floor data centers using computational flow analysis. *IEEE Transactions on Components and Packaging Technologies*, vol. 24, pp. 177-183.

Karki, K. C., A. Radmehr, and S. V. Patankar. 2003. Use of computational fluid dynamics for calculating flow rates through perforated tiles in raised-floor data centers. *HVAC&R Research* 9(2): 153-166.

Kiff, P. 1995. A fresh approach to cooling network equipment. *British Telecommunications Engineering*, July, pp. 149-155.

Koomey, J., et al. 2002. Sorry, wrong number: The use and misuse of numerical facts in analysis and media reporting of energy issues. *Annual Review of Energy and Environment*(also LBNL-50499), vol. 27, pp. 119-158.

Krzyzanowski, M. E., and B. T. Reagor. 1991. Measurement of potential contaminants in data processing environments. *ASHRAE Transactions*

97(1): 464-476.

Lawson, S. H. 1988. Computer facility keeps cool with ice storage. *Heating, Piping, Air Conditioning* 60(8): 35-38, 43, 44.

LBNL. 2003. Lawrence Berkeley National Laboratories. http://datacenters.lbl.gov/CaseStudies.html.

LBNL. 2005. Lawrence Berkeley National Laboratories. http://hightech.lbl.gov.

Lentz, M. S. 1991. Adiabatic saturation and VAV: A prescription for economy and close environmental control. *ASHRAE Transactions* 97(1): 477-485.

Liebert. 2003. Seven Ways Precision Air Conditioning Outperforms Comfort Systems in Controlled Environments. Columbus, OH: Liebert Corp.

Longberg, J. C. 1991. Using a central air-handling unit system for environmental control of electronic data processing centers. *ASHRAE Transactions* 97(1): 486-493.

Maxcess. 2005. Maxcess Technologies, Inc. Raised access floor specifications. http://www.maxcessfloors.com/home.cfm.

Montgomery, S. W. 2002. Fouling of high density heat sinks—Theoretical origins and numerical analysis. IEEE SEMI-THERM Symposium, August 2002.

Moore, D. A. 2003. The dust threat. IMAPS, October 2003.

Nakao, M., H. Hayama, and M. Nishioka. 1991. Which cooling air supply system is better for a high heat density room: Underfloor or overhead? Thirteenth International Telecommunications Energy Conference (INTELEC '91), November 1991.

Nelson, D. 2003. Auditory demonstrations Ⅱ: Challenges in speech communication and music listening. NASA Glenn Research Center, available from http://www.grc.nasa.gov/WWW/AcousticalTest/Hearing Conservation/Auditory Demonstrations2.htm

NFPA. 1997. *NFPA 12A, Standard on Halon 1301 Fire Extinguishing Systems*, 1997 ed. Quincy, MA: National Fire Protection Association.

NFPA. 1999a. *NFPA 90A, Installation of Air Conditioning and Ventilating Systems*, 1999 ed. Quincy, MA: National Fire Protection Association.

NFPA. 1999b. *NFPA 220, Standard on Types of Building Construction*, 1999 ed. Quincy, MA: National Fire Protection Association.

NFPA. 2000a. *NFPA 12, Standard on Carbon Dioxide Extinguishing Systems*, 2000 ed. Quincy, MA: National Fire Protection Association.

NFPA. 2000b. *NFPA 92A, Recommended Practice for Smoke Control Systems*, 2000 ed. Quincy, MA: National Fire Protection Association.

NFPA. 2000c. *NFPA 92B, Guide for Smoke Control Management Systems in Malls, Atriums and Large Areas*, 2000 ed. Quincy, MA: National Fire Protection Association.

NFPA. 2000d. *NFPA 232, Standard for the Protection of Records*, 2000 ed. Quincy, MA: National Fire Protection Association.

NFPA. 2000e. *NFPA 255, Standard Method of Test of Surface Burning Characteristics of Building Materials*, 2000 ed. Quincy, MA: National Fire Protection Association.

NFPA. 2000f. *NFPA 2001, Standard on Clean Agent Fire Extinguishing Systems*, 2000 ed. Quincy, MA: National Fire Protection Association.

NFPA. 2002a. *NFPA 10, Standard for Portable Fire Extinguishers*, 2002 ed. Quincy, MA: National Fire Protection Association.

NFPA. 2002b. *NFPA 13, Standard for the Installation of Sprinkler Systems*, 2002 ed. Quincy, MA: National Fire Protection Association.

NFPA. 2002c. *NFPA 25, Standard for the Inspection, Testing, and Maintenance of Water-Based Fire Protection Systems*, 2002 ed. Quincy, MA: National Fire Protection Association.

NFPA. 2002d. *NFPA 70, National Electrical Code®*, 2002 ed. Quincy, MA: National Fire Protection Association.

NFPA. 2002e. *NFPA 72®, National Fire Alarm Code®*, 2002 ed. Quincy, MA: National Fire Protection Association.

NFPA. 2002f. *NFPA 76, Recommended Practice for the Fire protection of Telecommunications Facilities*, 2002 ed. Quincy, MA: National Fire Protection Association.

NFPA. 2003a. *NFPA 14, Standard for the Installation of Standpipe, Private Hydrant, and Hose Systems*, 2003 ed. Quincy, MA: National Fire Protection Association.

NFPA. 2003b. *NFPA 20, Standard for the Installation of Stationary Pumps for Fire Protection*, 2003 ed. Quincy, MA: National Fire Protection Association.

NFPA. 2003c. *NFPA 75*, *Standard for the Protection of Information Technology Equipment*, 2003 ed. Quincy, MA: National Fire Protection Association.

NFPA. 2003d. *NFPA 101®*, *Life Safety Code®*, 2003 ed. Quincy, MA: National Fire Protection Association.

NFPA. 2003e. *NFPA 750*, *Standard for the Installation of Water Mist Fire Protection Systems*, 2003 ed. Quincy, MA: National Fire Protection Association.

NFPA. 2004. *NFPA Standard 70E*, *Standard for Electrical Safety in the Workplace*. Quincy, MA: National Fire Protection Association.

NFPA. 2005a. *NFPA 11*, *Low, Medium and High Expansion Foam*, 2005 ed. Quincy, MA: National Fire Protection Association.

NFPA. 2005b. *NFPA Standard 70*, *National Electric Code®*. Quincy, MA: National Fire Protection Association.

NIOSH. 1986. Occupational Exposure to Hot Environments: Criteria for a Recommended Standard, Revised Criteria, 1986. National Institute for Occupational Safety and Health, Report 86-113. (Also available on the web at: http://www.cdc.gov/niosh/86-113.html.)

Noh, H.-K., K. S. Song, and S. K. Chun. 1998. The cooling characteristics of the air supply and return flow systems in the telecommunication cabinet room. Twentieth International Telecommunications Energy Conference (INTELEC '98), October 1998.

Notohardjono, B. D. 2003. *Tiedown Installation Manual*. IBM manual PN16-R1105, EC J10559, December 22, 2003.

Notohardjono, B. D., J. Wilcoski, and J. B. Gambill. 2004. Design of earthquake resistant server computer structures. *Journal of Pressure Vessel Technology* 126, Issue 1(February), pp. 66-74.

Osborne, M. W. 1996. Air quality control in Control rooms. *IEEE Transactions on Industry Applications* 32(2): 443-448.

OSHA. 1996. *29 CFR 1910.95*, *Occupational Noise Exposure*. U. S. Dept. Labor, Occupational Safety and Health Association, Office of Information, Washington, DC. http://www.osha.gov/pls/oshaweb/owadisp.show_document?p_table=STANDARDS&p_id=9735).

Patanker, S. V., and K. Karki. 2004. Distribution of cooling airflow in a raisedfloor data center. *ASHRAE Transactions* 110(2): 629-635.

Patel, C. D., C. E. Bash, C. Belady, L. Stahl, and D. Sullivan, 2001. Computational fluids dynamics modeling of high compute density data centers to assure system air inlet specifications, Paper No. IPACK2001-15622. InterPack'01, July 8-13, 2001, Kauai, Hawaii, 2001.

Patel, C. D., R. Sharma, C. E. Bash, and A. Beitelmal. 2002. Thermal considerations in cooling large scale high compute data centers. ITHERM 2002, The Eighth Intersociety Conference on Thermal and Thermomechanical Phenomena in Electronic Systems.

PECI. 1998. *The Model Commissioning Plan and Guide Specifications*, version 2.05. Portland Energy Conservation Inc. http://www.peci.org/library/mcpgs.htm

PNL. 1990. *Architect's and Engineer's Guide to Energy Conservation in Existing Buildings*, vol. 2, chapter 1. DOE/PL/01830 P-H4. Pacific Northwest Laboratories.

Proposition 65. 1986. Safe Drinking Water and Toxic Enforcement Act, November. State of California.

Reagor, B. T., and C. A. Russell. 1985. A survey of problems in telecommunication equipment resulting from chemical contamination. *Electrical Contacts 1985 Proceedings of the 31st Meeting of the IEEE Holm Conference on Electric Contact Phenomena, September 29-October 2, 1985*, pp. 157-161.

RMI. 2003. *Energy Efficient Data Centers: A Rocky Mountain Institute Design Charette*. Rocky Mountain Institute.

Rodgers, T. 2005. An owner's perspective on commissioning of critical facilities. *ASHRAE Transactions* 111(2): 618-626.

Roth, K., F. Goldstein, and J. Kleinman. 2002. Energy Consumption by Office and Telecommunications Equipment in Commercial Buildings. Volume I: Energy Consumption Baseline. Arthur D. Little Reference No. 72895-00. NTIS Number: PB2002-101438. January.

Schmidt, R., and Cruz, E. 2002. Raised floor computer data center: effect on rack inlet temperatures of chilled air exiting both the hot and cold aisles. *IEEE 2002 Inter Society Conference on Thermal Phenomena*, pp. 580-594.

Schmidt, R. 1997. Thermal management of office data processing centers. InterPack'97, Hawaii.

Schmidt, R. 2001. Effect of data center characteristics on data processing equipment inlet temperatures. Paper No. IPACK2001-15870, InterPack'01, July 8-13, 2001, Kauai, Hawaii.

Schmidt, R. R., K. C. Karki, K. M. Kelkar, A. Radmehr, and S. V. Patankar. 2001. Measurements and predictions of the flow distribution through perforated tiles in raised-floor data centers. Paper No. IPACK2001-15728, InterPack'01, July 8-13, 2001, Kauai, Hawaii.

Shrivastava, S., et al. 2005. Comparative analysis of different data center airflow management configurations. InterPACK 2005, San Francisco, California.

Sorell, V., J. Yang, and S. Escalante. 2005. Comparison of overhead vs. underfloor air distribution in data centers using CFD modeling. *ASHRAE Transactions* 111(2): 756-764.

Sharma, R. K., C. E. Bash, and C. D. Patel. 2002. Dimensionless parameters for evaluation of thermal design and performance of large-scale data centers. American Institute of Aeronautics and Astronautics, AIAA-2002-3091.

Silverling, A. M., and K. J. Kressler. 1995. Ice storage system assures data center cooling. *HPAC Heating, Piping, Air Conditioning*, 67(4): 35-39.

Stahl, L., and C. Belady, 2001. Designing an alternative to conventional room cooling. International Telecommunications and Energy Conference (INTELEC), Edinburgh, Scotland, October 2001.

SSTS. 2004. *Acoustical Noise Emission of Information Technology Equipment*. Swedish Statskontoret's Technical Standard 26: 6, 2004 July 01. (available at http://www.statskontoret.se/upload/2619/TN26-6.pdf.)

Tate. 2005. Tate Access Floor Product Specification. http://www.tateaccessfloors.com/

Telcordia 1994. *GR-1274-CORE, Generic Requirements for Reliability Qualification Testing of Printed Wiring Assemblies Exposed to Airborne Hygroscopic Dust*, Issue 1, May 1994. Piscataway, NJ: Telcordia Technologies, Inc.

Telcordia. 1996. *Gk-2930-Core, Network Equipment—Building System*

(NEBS): *Raised Floor Generic Requirement for Network and Data Center*. Piscataway, NJ: Telcordia Technologies, Inc.

Telcordia. 2001. *Generic Requirements NEBS GR-3028-CORE, Thermal Management in Telecommunications Central Offices*, Issue 1, December 2001. Piscataway, NJ: Telcordia Technologies, Inc.

Telcordia. 2002. *GR-63-CORE, Network equipment—Building Systems (NEBS) Requirements: Physical protection. Telcordia Technologies Generic Requirements*, Issue 2, April 2002. Piscataway, NJ: Telcordia Technologies, Inc.

TIA. 2004. *TIA-569-B, Commercial Building Standard for Telecommunications Pathways and Spaces*. Arlington, VA: Telecommunications Industry Association.

TIA. 2005. *TIA 942, Telecommunications Infrastructure Standard for Data Centers*. Telecommunications Industry Association.

Tschudi, B., T. Xu, D. Sartor, and J. Stein. 2003. Roadmap for Public Interest Research for High-Performance Data Centers, LBNL-53483. Lawrence Berkeley National Laboratories.

Turner, W. P., and K. Brill. 2003. Industry Standard Tier Classifications Define Site Infrastructure Performance. The Uptime Institute.

UL. 1980. *UL 478, Standard for Electronic Data-Processing Units and Systems*. Underwriters Laboratories, Inc.

UL. 1994. *UL 900, Standard for Test Performance of Air Filter Units*. Underwriters Laboratories, Inc.

UL. 1995. *UL 1950, Standard for Safety of Information Technology Equipment*. Underwriters Laboratories, Inc.

UL. 2000. *UL 60950, Standard for Safety of Information Technology Equipment*. Underwriters Laboratories, Inc.

UL. 2001a. *UL 60950-1, Standard for Safety of Information Technology Equipment*, 3d ed. Underwriters Laboratories, Inc.

UL. 2001b. *UL 72, Standard for Tests for Fire Resistance of Record Protection Equipment*. Underwriters Laboratories, Inc.

USDOE. 2005a. http://www.eren.doe.gov/buildings/tools_directory/database/page.cfm?Cat=EnergySim&Status=Yes&Menu=1&Sel=1&Desc=Energy+Simulation

USDOE. 2005b. http://www.eren.doe.gov/buildings/tools_directory/database/page.cfm? Menu=7&Desc=Alphabetical+List

USDOL. 1991. *Noise Control: A Guide for Workers and Employers*. U.S. Dept. Labor, Occupational Safety and Health Administration, Office of Information, Washington, DC., 29CFR1910.95, available at http://www.osha.gov/pls/oshaweb/owadisp.show_document? p_table=STANDARDS&p_id=9735

USEPA. 1981. *Noise Effects Handbook, A Desk Reference to Health and Welfare Effects of Noise*. Office of Noise Abatement and Control, U.S. Environmental Protection Agency, October 1979, Revised July 1981. (available at http://www.nonoise.org/library/handbook/handbook.htm).

Van Dijk, P., and F. van Meijl. 1996. Contact Problems Due to Fretting and Their Solutions. *AMP Journal of Technology* 5(June): 14-18. http://www.amp.com/products/technology/5jot_2.pdf.

VanGilder, J., and R. Schmidt. 2005. Airflow uniformity through perforated tiles in a raised-floor data center. Inter PACK 2005, San Francisco, California.

Weschler, C.J., and H.C. Shields. 1991. The impact of ventilation and indoor air quality on electronic equipment. *ASHRAE Transactions* 97(1): 455-463. Atlanta: American Society of Heating, Refrigerating and Air-Conditioning Engineers, Inc.

Williamson, A.J., et al. 2001. Cooling of telecommunications enclosures in tropical and desert environments. INTELEC 2001, Conf. Pub No. 484, IEEE, Oct 2001.

Wong, C.K., W. Worek, and P. Brillhart. 2002. Use of joint frequency weather data to determine primary energy consumption of desiccant systems. *ASHRAE Transactions* 108(1): 608-616. Atlanta: American Society of Heating, Refrigerating and Air-Conditioning Engineers, Inc.

Yamamoto, M., and T. Abe. 1994. The new energy-saving way achieved by changing computer culture(Saving energy by changing the computer room environment). *IEEE Transactions on Power Systems*, vol. 9, August.

术语总汇

被吸收的电解液(absorbed electrolyte)：见 electrolyte，absorbed。

美国政府工业卫生学家联合会(American Conference of Governmental Industrial Hygienists—ACGIH)：美国政府工业卫生学家联合会。

换气次数(ACH)：每小时换气次数，一般指每小时室外新风的换气次数。

空调器(AHU)。

风冷与液冷电子设备(air-and liquid-cooled electronics)：见 electronics，air-and liquid-cooled。

风冷与液冷机架(air-and liquid-cooled rack)：见 rack，air-and liquid-cooled。

风冷与液冷服务器(air-and liquid-cooled server)：见 server，air-and liquid-cooled。

空气旁通(air，bypass)：为了避免送风处于湿度饱和状态，并以可控的方式将空气分流，不经冷却盘管。就设备机房而言，旁通空气也可指"短路"于负荷、在负荷处不产生有效冷却就回到空气器的送风。

机柜空气(air，cabinet)：(一般用于冷却)在容纳数据通信设备的机柜内流经的空气。

被调节空气(air，conditioned)：经过处理以控制其温度、相对湿度、洁净度、压力和流速的空气。

风冷(air cooling)：见 cooling，air。

风冷数据中心(air-cooled data center)：见 data center，liquid -and air-cooled。

风冷电子设备(air-cooled electronics)：见 electronics，air-cooled。

风冷机架(air-cooled rack)：见 rack，air-cooled。

风冷服务器(air-cooled server)：见 server，air-cooled。

空气经济器(air economizer)：见 economizer，air。

冷却设备用空气(air，equipment)：流过信息技术或数据通信设备的气流。

回风(air, return—RA)：从房间内抽出，全部或部分回到空调器、加热炉或其他热源的空气。

空气循环短路(air short-cycling)：当温度可能是最高的空气回到空调器时，空调器的效率最高；当比期望温度稍低的空气回到空调器时，或许会被误读为房间温度是满足要求的。这种空气循环短路是因为空气在回到空调器前并未吸收房间内的热量(也可见“空气旁通”)。

通风空间(air space)：在架空地板下或吊平顶之上、用于循环信息技术设备房/信息技术设备区域环境内空气的空间，此空间内的布线应符合 NFPA70 第 645 条款和国家电气规范的要求。

送风(air, supply)：从空调、加热或通风装置进入房间内的空气。

冷通道(aisle, cold)：见 hot aisle/cold aisle。

热通道(aisle, hot)：见 hot aisle/cold aisle。

报警器(annunciator)：它是火灾报警控制盘中的一部分，或是依附在火灾报警控制盘上的一个远程装置。它显示信息与通告，这些通告可能包括报警或事故状况。

美国国家标准协会(American National Standards Institute-ANSI)。

美国国际测试与材料学会(ASTM International)：前称“美国测试与材料学会(ASTM)”。

可利用性(availability)：表示系统或部件在需要使用时可运行和可接近程度的百分比。

楼宇自动化系统(BAS)。

设计依据(basis-of-design)：它是一个收集了有关设施的许多具体内容，以获得其性能要求、支持任务完成的文件(在业主的计划文件中叙述)。

通风的铅酸电池(vented lead-acid battery—battery, VLA)。

阀门调节的铅酸电池(valve regulated lead acid battery—battery, VRLA)。

盲板(blanking panels)：它一般是设置在封闭的 IT 设备机架内未安装设备位置上的一块板，用于防止机架内的空气从后部向前部进行循环。

楼宇管理系统(BMS)。

英热单位(Btu)：Btu 是 British thermal unit 的缩写；它指是将 1 磅水升高 1℉所需的热量，是一种常用的热量度量单位。

楼宇自动化系统(BAS)：一般是以监测和控制环境、照明、电力、安全、火灾/生命安全及电梯为目的的集中楼宇控制。

电气总线(bus, electrical)：见 bus, power。

电力(气)总线(bus, power 或 bus, electrical)：许多装置共享同一电气接合的有形电气连接体。它可使信号在装置之间传输，也可使信息与电力共享。

旁通风(bypass air)：见 air，bypass。

机柜(cabinet)：用门进行封闭、独立容纳电子设备的框架；通常由高端服务器组成。

机柜风(cabinet air)：见 air，cabinet。

导电阳极故障(conductive anodic failure—CAF)。

定风量(constant air volume)。

计算流体动力学(computational fluid dynamics—CFD)。

冷水系统(chiller-water system)：包含冷水机组、水泵、水管输配系统、冷水冷却盘管和相关控制器的空气或工艺处理系统，制冷剂在远置的冷水机组内循环。冷水机组将水冷却，然后由输配系统将冷水泵送到冷却盘管。

火灾级别(classes of fires)：

A 级(class A)：与纸张、木材或布这类普通可燃物有关的火灾；

B 级(class B)：与可燃液体有关的火灾；

C 级(class C)：与任何燃料有关、发生在带电的电气设备内或上的火灾；

D 级(class D)：与可燃金属(如镁)有关的火灾。

供冷性能系数(coefficient of performance—*COP*)——除去的热量与输入能量的比值。在协合装置中，整个供冷系统或工厂组装设备的 *COP* 值是在国家认可的标准或设计运行工况下测得。

冷通道(cold aisle)：见 hot aisle/cold aisle。

冷板(cold plate)：它通常是一块与电子部件相依附、带冷却通路的板，液体流过该通路时将电子部件中的热量带走。

调试(commissioning)：确保所设计、安装、进行功能测试的系统能运行和维护，以实现与设计意图相符的过程。它从规划开始，包括设计、施工、启动、验收和培训，可应用于建筑物寿命的整个过程中。

调试级别(commissioning levels)：

工厂验收测试(1 级调试)：产品在离开其制造地之前进行的测试；

现场部件验证(2 级调试)：在收到产品后即进行的检查和验证；

系统施工验证(3 级调试)：现场检查和认证各部件是否根据计划和规定的要求进行组合，并正确地集成为系统；

现场验收测试(4 级调试)：演示组成特定系统的有关部件、设备和辅助设备能够运行，其功能达到额定、规定与/或所宣称的性能标准的活动；

系统集成测试(5 级调试)：测试冗余和备用部件，测试各系统和各关联系统组，以显示它们能对预先预料到和未预料到的异常情况作出反应。

调试计划(commissioning plane)：明确验证和测试过程，确保项目按所期望的内容包括培训、文档及项目结束的内容予以交付。

被调节空气(conditioned air)：见 air，conditioned。

风冷(cooling air)：调节后的空气被输送到机架/机柜/服务器的入口，以对流方式冷却机架内电子部件排出的热量。它可以理解为：来自机架自身内实际热源部件(如 CPU)的热量可基于液体或空气进行传递，但是，从机架排到机架外建筑物冷却装置的排热介质是空气。在服务器或机架内采用有液体的热管或泵送回路仍被认为是风冷。

液冷(cooling liquid)：调节后的液体被输送到机架/机柜/服务器的入口，吸收热力冷却机架内电子部件排出的热量。它也可以理解为：来自机架自身内实际热源部件(如 CPU)的热量可基于液体或空气(或其他任何传热机制)进行传递，但是，从机架排到机架外建筑物冷却装置的排热介质是液体。

性能系数(coefficient of performance—*COP*)。

中央处理器(central processing unit—CPU)。

计算机房空调机组(computer air-conditioning unit—CRAC)。

数据中心(data center)：其功能是容纳计算机房及其支持区域的一栋建筑物或建筑物中的一部分。数据中心通常含任务所需、有重要功能的高端服务器或存储产品。

风冷数据中心(data center，air cooled)：仅有风冷设备的数据中心。

液冷和风冷数据中心(data center，liquid-and air-cooled)：能够获得冷风和冷液的数据中心。

液冷数据中心(data center，liquid-cooled)：仅有液冷设备的数据中心。

数据通信(datacom)：用于对数据与通信行业的简称。

管端服务用(阀门)(dead-end service rating(valve))：用于管端服务、置于无帽盖管端上的阀门(例如；一端处于大气压下)。阀门在工作压力下，液体无一点泄漏。

露点温度(dew-point temperature)：见 temperature，dew-point。

叉状取样器(dichotomous sampler)：采集空气携带的粒子、按粒径分离供分析的检测设备。

非导电流体(dielectric fluid)：导电性能较差的流体。

直接膨胀系统(direct expansion(DX) system)：供冷效果直接来自制冷剂的系统。它通常有一台压缩机，系统中的制冷剂大多数情况下进行状态变化。

磁盘装置(disk unit)：安装在一台数据通信设备如个人电脑、便携式电脑、服务器或储存产品中的硬盘驱动装置。

分散性(diversity)：基于每台设备实际运行输出而不是设备满负荷容量来确定电力或供冷系统负荷的一个系数。

干球温度(dry-bulb temperature)：见 temperature，dry-bulb。

干井(drywell)：管道系统中让温度计或其他设备插入而不与被测试液体介质直接接触的井状孔。

直接膨胀(direct expansion—DX)。

设备冷却级(equipment cooling class—EC-Class)。

电子整流电机(electrical commutated motor—ECM)。

风侧经济器(economizer，air)：在过渡季节或气候寒冷期间，通过风管布置与自控系统，使供冷送风机系统能输送室外空气，以减少或无需机械制冷。

水侧经济器(economizer，water)：使供冷系统的送风直接或间接，或同时被水的蒸发或其他合适的流体冷却的系统(为了减少或无需机械制冷)。

能效比(energy efficiency ratio—*EER*)。

暖通空调系统效率(efficiency，HVAC system)：在协合的机组中和指定的时段内，有用的能量输出(使用点处)与输入能量的比率，单位以百分比表示。

电气总线(electrical bus)：见 bus，power。

电解质(electrolyte)：当分解(或溶解)时，分解出自由离子产生一种导电介质的物质。

吸收型电解质(electrolyte，absorbed)：这类阀门调节的铅—酸(VRLA)电池用容积受控的液体电解质制成。液体电解质装在板间距紧密、像吸墨纸那样吸收性很强的分隔器内。这种无纺的分隔器均匀地分布电解质，使它与板上的活性物质保持接触，在充电的同时让离析的氧通过。具有吸收电解质工艺的电池有固有的低内阻，它能够提供强度大、持续时间短的电流。有吸收型电解质的电池也称为“吸收玻璃垫(absorbed glass mat—AGM)”型电池。

胶凝电解质(electrolyte，gelled)：这类阀门调节的铅—酸(VRLA)电池除了电解质成“胶状”不移动外，与通风型铅—酸电池设计相似。它能够提供强度大、持续时间短的电流，但由于其内阻较大，故效率不像吸收型电解质电池那样高。然而，胶凝化设计的导热性能较好，使它比相当的吸收型电解质电池更适合高温应用场合。对于容量一定的胶凝电解质电池，它通常比吸收型电解质电池较重，体积较大。

电磁兼容性(electromagnetic compatibility—EMC)：电子设备或系统在它们

要求的工作环境中运行，并不因电磁辐射或反应而引起或遭受不可接受的性能衰减。

电子整流电机(electronically commutated motor—ECM)：EC 电机是具有分流特性的直流(DC)电机。电机的旋转运动是通过开关装置——也称为整流器的供电获得。就 EC 电机而言，这种整流是采用无刷电子半导体模块来实现的。

风冷和液冷电子设备(electronics，air-and liquid-cooled)：采用空气和液体冷却的电子设备。

风冷电子设备(electronics，air-cooled)：直接被空气冷却的电子设备。

水冷电子设备(electronics，liquid-cooled)：直接被液体冷却的电子设备。

静电释放(electrostatic discharge—ESD)：两个电势不同的物体之间的电压传递。

电磁兼容性(electromaganetic compatibility—ECM)。

能效比(energy efficiency ratio—EER)：在一定运行工况下，以 Btu/h 为单位的设备净供冷量与以 W 为单位的电能总输入量的比率。当一台协合的机组中，该比率等于 *COP* 值(也见性能系数)。

焓(总热量)(enthalpy—total heat)：见 heat，total。

设备(equipment)：不限于服务器、储存产品、工作站、个人电脑和便携式电脑；也可指的是电子设备或信息技术设备。

冷却设备用空气(equipment air)：见 air，equipment。

静电释放(electrrostatic discharge—ESD)。

欧洲电信标准协会(European Telecommunications Standards Institute—ETSI)。

换热器(exchanger，heat)：两种实际分离流体之间换热的装置。

转轮式换热器(exchanger，rotary heat)：换热面旋转的换热器。

立面设计(fenestration)：指对建筑物的窗、天窗和门系统进行设置、确定比例、布置和设计的一个建筑术语。

过滤干燥器(filter dryer)：它是一个裹有干燥剂的装置，通常插在制冷系统的液管内，有时插在吸气管内，用于除去被夹带的湿汽、酸和其他污染物。

浮充电压(float voltage)：电池组提供最大寿命和满容量的最佳电压值。

表具旋塞(gage-cock)：安装在压力表或其他测量表具上，能在维护保养时将表具隔离开的旋塞。

门路(gateway)：一种硬件或软件装置，它能在两种非相似的协议之间变换；或有通用的机理能提供进入另一个系统的通路。

胶凝电解质(gelled electrolyte)：见 electrolyte，gelled。

全球定位系统(global positioning system—GPS)。

吸湿性尘埃故障(hygroscopic dust failure—HDF)。

水平置换(horizontal displacement)。

水平置换(horizontal displacement—HDP):在欧洲和亚洲主要用于电信集中机房内的一种空气分布系统,该系统通常将空气从冷通道的一端呈水平方向引入。

暖通空调系统效率(HVAC system efficiency):见 efficiency,HVAC system。

吸湿性尘埃故障(hygroscopic dust failure—FDF):指能吸水、会促使腐蚀的硫酸盐和硝酸盐。

换热器(heat exchanger):见 exchanger,heat。

旋转式换热器(heat exchanger,rotary):见 exchanger,rotary heat。

潜热负荷(heat load,latent):消除潜热的冷负荷。潜热是状态变化时焓的变化。

显热负荷(heat load,sensible):由温度变化引起的热负荷。

产品基座面积热负荷(heat load per product footprint):产品的测得功率除以机柜或设备基底实际覆盖面积的计算值。

热管(heat pipe):它也被定为换热器的一种类型。它由内含某种流体的管状封闭腔组成,加热热管的一端引起液体的蒸发,然后蒸发的气体转移到热管的另一端进行冷凝并释放出热量。通过重力或毛细管的作用,所形成的液体再流回到热管的热端。

全热(heat,total—enthalpy):这是一个热力学的量,它等于系统的内能加上作用于系统的压力与比容的乘积:

$$h=E+pv$$

式中 h——焓或所含的总热量,

E——系统内能,

p——压力,

v——比容。

在本书中,h=显热+潜热

显热:引起温度变化的热量;

潜热:状态变化过程中焓的变化。

空气尘埃高效过滤(high efficiency paticulate air—HEAP)。

碳氢氟化物(hydrofluorocarbon—HFC)。

空气尘埃高效过滤器(high-efficiency particulate air(HEPA)filters):设计这些过滤器是用于从通过过滤器的空气中除去 99.97% 或更多、粒径为

0.3μm 或以上，由空气携带的污染物。空气的洁净度有不同的等级，某些高效过滤器有更高的洁净效率且能除去更小的尘埃颗粒。

头部以上水平分布(horizontal overhead—HOH)：头部以上水平分布。

头部以上水平分布(HOH)：它是一种在北美用于长距离输送的空气分布系统。该系统在冷通道上方以水平方式引入送风，一般应用在有架空地板的环境中，而架空地板供布置电缆用。

热通道/冷通道(hot aisle/cold aisle)：它是信息技术设备成排布置的数据通信机房供冷的一种通用方法。冷风送入冷通道，被信息技术设备的进风口吸入，然后排向热通道，使热排风与冷送风发生再循环的可能性最小。

热气(hot gas)：经过压缩机加压后(排气)、进入冷凝表面前的气体。

相对湿度(humidity，relative)：见 relative humidity。

碳氢氟化物(hydrofluorocarbon—HFC)：一种仅包含氟、碳、氢的卤代烃。

水力的(hydronic)：一个与供热或供冷系统有关的水的术语。

国际电子技术委员会(International Electrotechnical Commission—IEC)：国际电子技术委员会。它是一个制定和出版所有电气、电子和相关技术国际标准的全球性组织。

电气与电子工程师学会(Institute of Electrical and Electronics Engineers—IEEE)：电气与电子工程师学会。

渗入(infiltration)：室外空气通过缝隙和其他非故意有的孔口，通过供正常进、出用的外门进入建筑物内的流动，也称为空气渗入建筑物。

铁须(iron whiskers)：见 whiskers，iron。

国际标准化组织(International Organization for Standardization—ISO)：国际标准化组织。

信息技术(Information Technology—IT)。

信息技术设备(Information Technology equipment—ITE)：信息技术设备。

潜热负荷(latent heat load)：见 heat load，latent。

漏风(leakage airflow)：在本书中是指沿着非意向通道流动的任何一种空气流动。漏风会引起风机用能增加，也可能会导致制冷设备能耗较大。

液冷和风冷数据中心(liquid-and air-cooled data center)：见 data center，liquid-and air-cooled。

液冷数据中心(liquid-cooled data center)：见 data center，liquid-cooled。

液冷电子设备(liquid-cooled electronics)：见 electronics，liquid-cooled。

液冷机架(liquid-cooled rack)：见 rack，liquid-cooled。

液冷服务器(liquid-cooled server)：见 server，liquid-cooled。

液冷(liquid cooling)：见 cooling，liquid。

列册(listed)：被主管部门接受的一个组织所公布的一览表，其中包含设备、材料或服务内容，并涉及对产品或服务的评估。它对所列设备或材料的生产保持定期检查或对服务进行定期评估。一览表中要说明设备、材料或服务应满足合适而明确的标准，或已经过测试和适用于某一具体用途(NFPA 2002e)。

主机(mainframe)：指容量大、有处理器扩展运算的高性能计算机。该术语用于处理器单元，包括主存储器、执行系统和外围部件。它们通常设置在计算机中心内，具有其他计算机可与其连接的强大能力和资源，所以它们可分享设施。

排热量(MBH)：其单位是 1000Btu/h(英热单位)。

最低效率报告值(minimum efficiency reporting value—MERV)：以前有多个规程用于确定过滤器的效率和特性。ASHRAE 制定了 MERV 分类法，于是便采用一个数值来选择与确定过滤器。

修理(或修复)前平均时间(mean time to repair(or recover)—MTTR)：一个系统从故障到修复预期所需时间，通常以小时计量。

最低效率报告值(MERV)。

故障之间的平均时间(mean time between failure—MTBF)。

修理(或修复)前平均时间(MTTR)。

头部以上自然对流(natural convection overhead—NOH)：一种空气分布和供冷策略。冷却盘管悬吊在吊平顶上，空气通过自然对流进行循环，无风机和风管。

(前称)网络设备楼宇系统(network equipment-building system—NEBS™)：它为一个承载局部交换的集中机房(central office—CO)提供了一组有形的、环境和电气方面的具体要求。NEBS 是 Telcordia 技术的商标。

国家电气规范(National Electric Code—NEC)：国家电气规范。

国家消防协会(National Fire Protection Association—NFPA)：国家消防协会。

国家职业安全与健康学会(NIOSH)。

头部以上自然对流(NOH)。

通风用室外新风(outside ventilation air—OA)。

职业安全与健康署(Occupational Safety and Health Administration—OSHA)。

业主计划(owner's program)：指提出设施的意图(任务)和性能要求的文件。ASHRAE Guideline 1-1996 的定义为：“概括了业主对设施的所有想象、并期望设施如何使用和运行的文件”（SAHRAE 1996，p. 2）。

帕斯卡（pascal—Pa）：等于每平方米1牛顿的压力单位。作为声压级的单位，1帕斯卡相当于声压级94。

电力输配单元（power distribution unit—PDU）。

穿孔地板块（perforated floor tile）：作为架空地板系统一部分的地板块，从地板下的空间内向房间送风。地板块可有或可无风量调节阀。

个人数据助理（personal digital assistant—PDA）：手提式电脑或个人组织者装置。

静压箱（plenum）：与一根或多根风管相接的一个分隔区域或小室，它是空气分布系统的一个组成部分（NFPA定义）。

电力总线（或电气总线）：见bus，power。

电力输配装置（power distribution unit—PDU）：UPS与含设备的机柜之间的结合点。

焓湿图（psychrometric chart）：指一张空气特性（温度、相对湿度等）图，它用于确定空气中含湿量变化时这些特性是如何变化的。

回风（return air—RA）。

机架（rack）：容纳电子设备的框架。

风冷与液冷机架（rack，air-and liquid-cooled）：需要建筑物提供空气冷却与液体冷却的机架。

风冷机架（rack，air-cooled）：仅接受室内空气的风冷机架。

液冷机架（rack，liquid-cooled）：接受冷却液体经过调节的液冷机架。

机架安装设备（rack-mounted equipment）：安装在电子行业联盟（electronic Industry Alliance—EIA）标准机柜内或类似机柜内的设备。这些系统通常以EIA单位分类，例如，1U、2U、3U等，其中1U=1.75in.（44mm）。

架空地板（raised floor）：是一个有可移动地板块的平台，用于安装设备，设备之间有间隔。建筑物的主地板空间供容纳互连的电缆用，有时作为向信息技术设备和房间输送空调风的一种手段。

房间冷却级别（room-cooling class—RC-Class）。

冗余（redundancy）：常与基准数 N 比较时用。此处，N 代表满足正常工况时的设备数量。某些实例中有“$N+1$”、“$N+2$”、“$2N$”、和 $2(N+1)$。一个重要的确定是：N 是指正常工况时的设备容量，还指包括离线保养设备在内的设备总容量。设施冗余可用于整个场所（场所备用）、系统或部件。信息技术设备冗余可用于硬件与软件。

制冷剂（refrigerants）：在一个制冷系统中，传热介质在低温低压下通过蒸发吸取热量；在较高的温度与压力下冷凝，放出热量。

相对湿度(relative humidity—RH)：(1)在同一干球温度和大气压力下，空气中的水蒸气分压力或密度分别与饱和压力或密度的比值；(2)在同一温度和大气压力下，水蒸气的摩尔分量与饱和水蒸气摩尔分量的比值—100%相对湿度时，其干球温度、湿球温度和露点温度值相同。

脱扣控制盘(releasing panel)：是一个特殊的火灾报警控制盘。它的特定目的是在一个受灭火系统保护的给定区域内监视火灾探测装置。当它从火灾探测装置那里一接收到报警信号后，就触发灭火系统工作。

可靠性(reliability)：表示一台设备或一个系统，在持续实施其任务的整个时期内可运行性的百分数值。在数据和通信设备区域内，99.9%(3个9)或更高的数值是很正常的。可靠性常取决于对每个部件的测试。总成件和系统的可靠性通常是在每个部件的可靠性、冗余度或所采用的分散性的基础上进行数学评估的结果。

远程电力盘(remote power panel—RPP)：它是一个术语，通常用于表述电气设备用房外面的电气盘。

回风(return air)：见 air，return。

相对湿度(relative humidity—RH)。

回热量指数(Return Heat Index—RIH)。

立管(riser)：建筑物内的垂直管道。

转轮式换热器(rotary heat exchanger)：见 exchanger，rotary heat。

转轮式 UPS(rotary UPS)：见 UPS，rotary。

远程电力盘(RPP)：见 remote power panel。

显热负荷(sensible heat load)：见 heat load，sensible。

显热比(sensible heat ratio—SHR)：显热负荷与总热负荷(显热加潜热)之比。

服务器(server)：通过网络为与其连接的其他计算机提供服务的计算机；最常用的例子是文件服务器，它有一个就地硬盘，能根据远程客户的要求在硬盘上进行读、写操作服务。

风冷和液冷服务器(server，air-and liquid-cooled)：需要建筑物提供空气冷却和液体冷却的服务器。

风冷服务器(server，air-cooled)：仅接受房间内空气的风冷服务器。

液冷服务器(server，liquid-cooled)：接受冷却液经过调节的液冷服务器。

服务级协议(serve level agreement—SLA)：网络服务提供者与客户之间的一个合同，它通常以可计量的名称规定了网络服务提供者将提供的服务内容。

显热比(SHR)：见 sensible heat ratio。

单点故障(single-point failure)：任何部件如不能工作，会引起系统或系统的一部分发生的故障。

服务级协议(SLA)：见 service level agreement。

静态 UPS(static UPS)：见 UPS，static。

送风(supply air)：见 air，supply。

开关设备(switchgear)：输配分站内或附近用于隔离设备的电气切断与/或断路器的组合件。

电信(telecom)：telecommunications 的缩写。

露点温度(temperature，dew-point)：水蒸气达到饱和点时(100%相对湿度)的温度值。

干球温度(temperature，dry-bulb)：由温度计显示的空气温度值。

湿球温度(temperature，wet-bulb)：当一个温度计的温包被吸饱了水的芯线包裹，空气以约 4.5m/s(900ft/min)的风速吹过，空气中的显热将水加热，使其蒸发进入空气中后达到的一个平衡温度值。湿球温度值由湿球温度计显示。

热效性(thermal effectiveness)：在送风进入设备前和在设备的排风回到空调器前，对热气流和冷气流之间混合量的度量。

热效率(thermal efficiency)：一部机器或一个过程的能量输出与能量输入之比的百分数。

蓄热罐(thermal storage tank)：用来储存热能的容器；蓄热系统常被用作为冷水系统的组成部分。

热虹吸管(thermosyphon)：利用毛细作用帮助液体循环的管簇排列。

锡须(tin whisker)：见 whisker，tin。

总热量(焓)(total heat(enthalpy))：见 heat，total。

调节比(turn-down ratio)：表示系统最大和最小有效能力的比值。它的计算值是：在系统保持稳定输出的条件下，将系统最大输出除以系统最小输出。例如，调节比 3∶1 是表示最小运行容量为最大输出容量的 1/3。

不间断电源(UPS)：不间断电源。

旋转式 UPS(UPS，rotary)：一种飞轮驱动的 UPS，用于需短时度过电力系统停电、电压下降等情况。飞轮驱动的旋转式 UPS 通常无电池，其支持时间约为数秒钟至数分钟。

静态式 UPS(UPS，static)：通常使用电池作为应急电源向数据通信设施提供电力，直到应急发电机启动上线为止。

隔汽层(vapor barrier)：在规定工况下阻止水汽传递的材料层或构造层。

变风量(variable air volume—VAV)。

通风(ventilation)：采用自然或机械手段向任何房间内送入空气或从任何房间内排出空气的过程。这样的空气可经过也可以不经过调节。

垂直头部以上类别(vertical overhead—VOH class)：参见头部以上风管系统送风。

垂直地板送风类别(vertical underfloor—VUH class)：参见从地板下空间即架空地板下空间送风。

通风的铅酸电池(VLA battery)：见 battery，VLA。

垂直头部以上(VOH)。

挥发性有机化合物(volatile organic compounds—VOCs)：在室温下易蒸发的有机化合物(含碳)。这些化合物用于溶剂、脱脂剂、油漆、稀释剂和燃料。

阀门调节的铅酸电池(VRLA battery)：见 battery，VRLA。

垂直地板下(vertical underfloor)。

水经济器(water economizer)：见 economizer，water。

湿球温度(wet-bulb temperature)：见 temperature，wet-bulb。

铁须(whisker，iron)；铁生成细头发形式的晶体状金属现象，在一定条件下可以成为空气携带的物质，降落在电子设备上。

锡须(whisker，tin)；锡生成细头发形式的晶体状金属现象，在一定条件下可以成为空气携带的物质，降落在电子设备上。

锌须(whisker，zinc)；锌生成细头发形式的晶体状金属现象，在一定条件下可以成为空气携带的物质，降落在电子设备上。

锌须(zinc whisker)；见 whisker，zinc。